修炼阳光心态

美美与共

曾国平 编著

重庆大学出版社

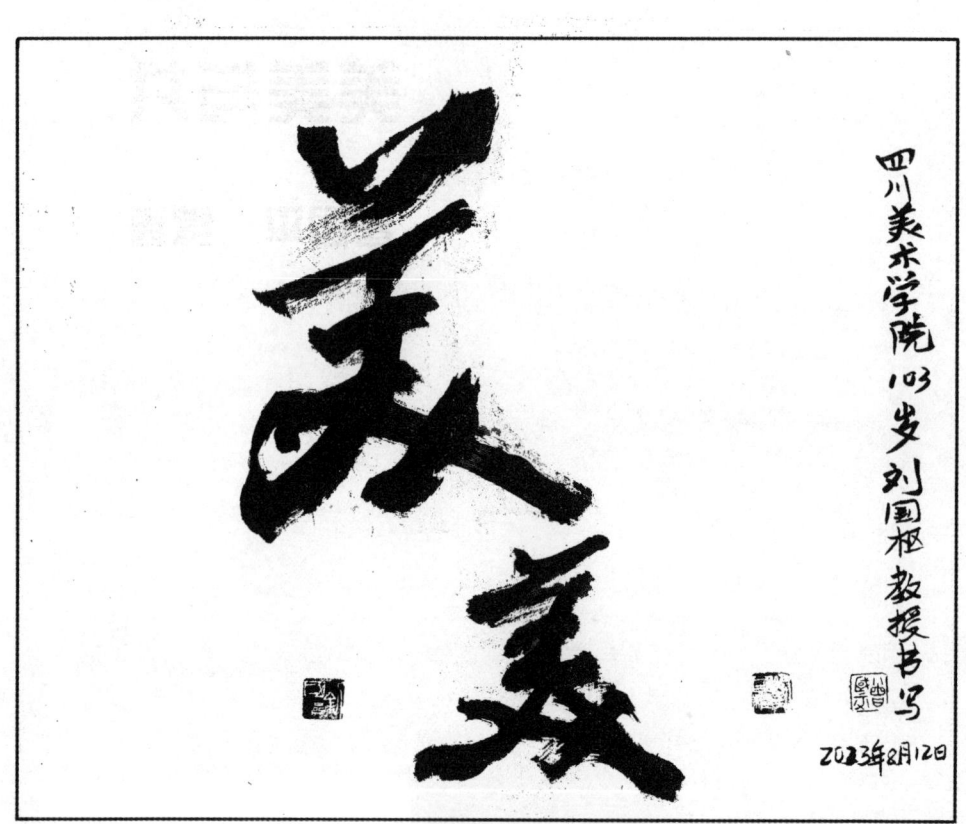

四川美术学院刘国枢教授书写

/ 前言 /
修炼心态美更美

著名社会学家费孝通先生于1990年提出了16个字的文化箴言："各美其美，美人之美，美美与共，天下大同"，他是从"文化自觉"的角度提出来的。

我在本书引用了费老的"美美与共"作为副标题，在感谢费老的"美美与共"的经典名句的同时，我们也惊奇地发现，这几年，"美美与共"成了一个社会热词，而且越来越热！

很幸运可以把费老的这四个字作为本书的副标题用语，为什么我要用"美美与共"作为本书的副标题？

第一，我觉得"美美与共"，特别富有哲学意味，富含满满的哲理性。它意味着美好的事物可以与大家共享；它关注的是社会的整体利益；它希冀的是共同美好；它强调的是合作互助、双赢共赢；它倡导的是资源共享；它追求的是社会公平公正，它蕴含了共同富裕的目标，最终"天下大同"，但又"各美其美"，和而不同。这些，恰恰是本书所倡导的积极的心态、阳光的心态。

第二，本书致力于修炼阳光心态。真正拥有阳光心态的人，不仅心灵美、内在美，还会将其外化为言行的美和形象的美。每个人自己把心态修炼阳光了，会实现"各美其美"，每个人的心灵都美起来。由于个体的心灵美，对大家都有好处，自己的心灵美，也会把这种积极的阳光心态传染、传播、传导给别人，让众人的心态美起来，实现"美人之美"。于是，整个社会每个人的心态阳光了，最终达到了"美美与共"的崇高境界，是一种"大同的美"！

第三，我对"美美"二字有特殊感情。

这是一个真实的故事：

2023年8月12日，我同夫人以及重庆市政协周副主席夫妇一起，去看望四川美术学院的知名教授、103岁的刘国枢老先生。他是重庆市"油画奠基人"，他那幅《飞夺泸定桥》油画，收藏在中央军事博物馆，他也是我夫人的三舅舅。

103岁的刘老先生应邀现场为周副主席用毛笔题一个"美"字，但是，在正式题字前，他坚持要在宣纸上练习一下。于是，刘老先生就在宣纸上连续写了一大一小的两个"美"，然后，才正式写了一个"美"字。当时，我灵机一动，把刘老先生练习的那两个"美"字收藏了起来，并现场盖上了刘老先生的印章。

非常遗憾的是，自那时的三个多月后，104岁的刘老先生仙逝了！

我把刘老先生的"美美"二字装裱好后，挂在了我的"曾国平书苑"，成了我的"镇苑之宝"。并且，我将"美美"二字用在了本书的副标题上，情之深深啦！

修炼阳光心态，自己的心态会美起来，大家的心态也会美起来，真的是"美美与共"呢！

曾国平
2024年9月于重庆大学城

目录
CONTENTS

第一章　掀起"心态"盖头来 / 001

心态何意？从《猴子捞月亮》的故事中能否体味出猴子的心态？也许，某人因为要挂画而向邻居借锤子的故事，更能让人们知道"什么是心态"。心有百态，从"五空心态"中更能瞧出心态是什么。

第二章　看看"阳光心态的脸" / 012

人们把阳光、空气和水叫作"生命三宝"或者"生命三绝"。人们需要阳光！如同需要阳光一样，人们需要阳光心态！什么是阳光心态？从《认错未必输》和《兰花》两个故事中，对阳光心态可以略见一斑。

第三章　修炼成积极的心态 / 031

把自己可能存在的消极心态，修炼成积极的心态。"积极心态"，首先是积极面对一切。在这积极面对的"一切"之中，重点是积极面对未来和自己的本职工作。

第四章　通过修炼去除消极心态 / 055

每个人都可能存在的负面的、消极的、阴暗的、阴霾的心态，对自己、对别人、对组织、对家庭、对社会有百害而无一利。通过修炼阳光心态，在很大程度上可以减轻或者去除消极心态。

第五章　通过修炼心态做好压力管理 / 082

一个人的压力，具有积极和消极两方面的作用，通过修炼阳光心态，发挥压力的积极作用，压力产生动力，目标带动成长。通过修炼阳光心态，掌握压力管理的方法，减轻或消除心理压力。

第六章　努力提高情商素养（上）/ 111

我第二次到中央电视台《百家讲坛》去演讲，讲的是"智商与情商"，后来在全国作了几百场关于智商情商的演讲，出版了多本关于智商情商的书籍和演讲视频，我坚信：情商高的人心态最阳光，心态阳光的人情商最高！提高情商素养，首先在情商的本意"情绪"上下功夫。

第七章　努力提高情商素养（下）/ 149

广义的情商应该在"心"上面。情绪也是一种心的反映和外化。智商、情商也是在"心"上面重叠交叉。心情、情态，是情商的重中之重。修炼阳光心态，必须重点提高仁爱心、感恩心、宽容心、欣赏心、责任心等情商素养。

第八章　巧用修炼阳光心态的多种方法 / 190

没有不需要修炼的心态，没有修炼不好的心态，每个人的心态都能够修炼得阳光起来、持续地阳光起来。关键看一个人愿不愿意修炼阳光心态、怎样修炼阳光心态。修炼阳光心态，必须掌握一些可行的方法。

结语 / 249

参考文献 / 250

第一章 掀起"心态"盖头来

心态何意？从《猴子捞月亮》的故事中能否体味出猴子的心态？也许，某人因为要挂画而向邻居借锤子的故事，更能让人们知道"什么是心态"。心有百态，从"五空心态"中更能瞧出心态是什么。

一、心态何意？

心态，是一个社会热词，热度很高，持续地热！

心态，存在于文章中、书籍中、演讲中、教学中、饭后茶余言谈中、正式和非正式的谈话中。

心态，存在于每个人的身上、心里。

心态，看不见、摸不着，但的确存在。

什么是心态？心态何意？

我在孩提时就听说了一个故事，也许由此就逐渐知道了什么是心态。

这个故事是《猴子捞月亮》。

> 一只猴子见水井中有一轮明月，感到大事不好："月亮掉到水井里去了！"于是，叫来一群猴子，手拉着手去水井里捞月亮，它们捞到了吗？

老师在讲这个故事的时候，多是告诉我们，遇事多动脑筋思考，不要盲目去做。

后来，当我长大了，成人了，还明白了在这个《猴子捞月亮》的故事中，蕴藏着一个心态的问题：遇到不是真实的、与自己有利害关系的事情的时候，心里不要太过于慌张，不要由此产生荒唐的言行。

在我的工作、生活与学习中，听说过，也对别人讲过不少关于心态方面的故事，比如下面这个《借锤子》的故事就是一例。

有一个人想在家里挂一幅画，他有钉子，但没有锤子，他知道邻居家里有锤子，于是，他决定到邻居那儿去借锤子。

就在他刚要走向邻居家去借锤子时，他起了疑心：要是邻居不愿意把锤子借给我怎么办？昨天遇到他时，他可是漫不经心地与我打招呼的，是他太匆忙了，还是应付我？是装作匆忙而其实是对我有不满？他是因为什么事对我不满呢？既然他对我不满，他肯定就不会把锤子借给我了。但是他为什么对我不满呢？他为什么不把锤子借给我呢？不就是借个锤子吗，有什么了不起，我受够他了！

于是，这位准备向邻居借锤子的人，迅速跑到邻居家门口，按响了门铃。邻居开了门，还没有来得及向这位借锤子的说"早安"，这个人就冲着邻居说道："留着你的锤子给自己用吧，你这个恶棍！"

邻居见状，莫名其妙！

不用我解释这个故事的含义，不用我说明这个故事要表达的是什么意思，其实，每个人听了这个故事，都应该明白什么是心态、明白这个要向邻居借锤子的人是什么样的心态了！

什么是心态？就是心之状态、心灵状态、心理状态。

心态，是一个颇具中国文化色彩的提法，但是，它却起始于西方关于智能的研究。心态，国外多称"心智"，即心理与智能。

中国人所说的心态，一般是指人的一切心理活动和状态的总和，是人对周围环境和社会生活等外界因素的反映和体验，是一个人的价值观的直接体现。

注意，这里的心态，主要是一个人的"心理活动"，就是人的种种"心想"，如前面讲的《借锤子》的故事，就是那位要向邻居借锤子的人自己在这样想、那样想，其实邻居一点儿也不知道是怎么一回事，也不一定就不借锤子给他。

而下面这个故事，也是一种心理活动，但这种心理活动就与前面的《借锤子》中的人的心理活动有所不同。

有一位就餐的客人问服务员："明天天气如何？"

服务员很自信地回答："会是我喜欢的天气！"

就餐人不解地问："你怎么知道正好是你喜欢的天气？"

服务员又回答说："我发现每天的天气可能并不都如我意，我也不可能去改变这些天气。所以，我便试着去接受每一天的天气，甚至去喜欢它们。因此，明天的天气一定是我喜欢的！"

如果你是那位就餐人，你听了这位服务员的这番话，你会有怎样的心理活动？你明白什么是"心态"了吗？

心是否参与智能活动，中西方具有不同的观点。

西方学者认为心是不参与智能活动的，参与智能活动的是脑！

安东尼·罗宾说："心态可以说是发生在我们体内几百万条神经作用的结果，也就是说，在任何时间内的感受。我们大部分的心态都是靠直觉的。对于跟自己有关的事物所作的反应，就叫作心态，可能会是进取的、有为的，也可能是颓丧的、受抑制的，但是很少有人想刻意地去控制它。在追求人生目标时，会有成功与失败两种结果，差别就在于自己处于什么样的心态上。"

中国人从古至今基本上都认为心要参与智能活动。

一般人这样说："心想心想，是心在想。要想则用心，用心好好想一想。如心想事成、心生一计；心思心思，是心在思，心思缜密；思想思想，是心在思想。"

而且，这"思"和"想"两个字，下面都有"心"字作为底部，可能古代人在造字时，就是要告诉人们，是心在思、是心在想！

很少有人说"脑想"，虽然实际上是脑在想。

所以，很多人就认为心也参与智能活动。

而心态，并不完全就是"心之状态"；心，在人的身上，在人的身体里面，它的状态怎么看得见？

但是，人的一言一行，都是受大脑、受心支配的。

比如下面这个故事：

> 父亲对小儿子说："做事要用心，才能做好！"
>
> 小儿子反问父亲："心又没有长手，怎么去做？事情是人用手做的！"
>
> 父亲又对小儿子讲："心虽然没有长手，但是，做事情的手，是受制于心、听命于心的。"

心之状态，会有意无意、不知不觉地在一个人的言谈举止中体现出来。

二、心有百态

大千世界，芸芸众生，千姿百态。人生有百态，心有千千结。

人们常说："花有几样红，人与人不同。"其实，人心也有百态，人心也有千万种。人心既有相同的，也有不相同的。

比如以下这些"心"，都可以形成一种"心态"：

自信心、仁爱心、感恩心、感谢心、宽容心、欣赏心、责任心、孝敬心、帮助心、乐观心、快乐心、冒险心、畏惧心、敬畏心、学习心、包容心、整人心、空杯心、自律心、付出心、索取心、知足心、奉献心、牺牲心、归零心、谦虚心、骄傲心、进取心、上进心、善良心、享受心、主动心、共赢心、舍得心、得舍心、换位心、平常心、平静心、淡定心、坚强心、果断心、名利心、淡漠心、抑郁心、怨恨心、配合心、成长心、自控心、接受心、坚韧心、吃亏心、诚实心、勤奋心、合作心、创新心、创造心、逃避心、推诿心、务实心、敬业心、事业心、自悟心、贪婪心……

其实，人之心，远远不止上面这些，太多了，成百上千、成千上万。有什么样的心，就会产生什么样的心态。

社会之大，人员之杂，以上这些心态，就构成了一个"心态体系"。

每个人身上或多或少都有这些心态，有的人这些方面的心态可能多一些、重一些；有的人那些方面的心态可能多一些、重一些，这就构成了人类、构成了社会，构成了"心态体系"！

社会本如此！

人类本如此！

心态本如此！

不同的人有不同的心态，不同的人有共同的心态，同一个人也会有不同的心态，而且心态也在变化。

同一个人，此一时此一地的心态与彼一时彼一地的心态，既可能相同，也可能不同，甚至差异很大。

时间、空间、环境、氛围、境况、境遇不同，心态就会有所不同；与什么样的人接触，与什么样的人沟通，做什么样的工作，工作的情况如何，别人对你怎么看、怎么说，都会影响心态。

比如，一个人的心态，有好的心态、不好的心态之分。

有人说："这人的心态好，你看他，活得多潇洒！""你看这人，心态不好，心事重重。什么事都放在心上，总是想不开，活得多累！"

过去心态好，不等于将来心态好；今天心态不好，不等于明天心态一定不好。

有的人，心态一直不太好，但调整后、修炼后就变好了；有的人心态好好的，遇到什么大事，心被刺激了，心态就变坏了。

在心态方面的研究和实践中，与心态相关的词很多，比如：

领导心态、同事心态、部下心态、管理心态、经营心态、生产心态、消费心态、组合心态、配合心态、老师心态、学生心态、医生心态、患者心态、司机心态、乘客心态、讲者心态、听众心态、家长心态、老人心态、儿童心态、青年心态、少年心态、成人心态、成熟心态、幼稚心态、自信心态、宽容心态、欣赏心态、责任心态、担当心态、理解心态、专注心态、关心心态、阳光心态、阴暗心态、积极心态、消极心态、健康心态、病态心态、尚忍心态、焦虑心态、乐观心态、开放心态、封闭心态、投资心态、建设心态、隐忍心态、投机心态、情趣心态、畏难心态、敬畏心态、奉献心态、吃亏心态、舍得心态、得舍心态、观望心态、实干心态、亲和心态、畏惧心态、冒险心态、谨慎心态、豁达心态、看淡心态、谦卑心态、疲惫心态、拼搏心态、鸵鸟心态、学习心态、弱者心态、强势心态、驾驭心态、权力心态、地位心态、得失心态、利益心态、唯我独尊心态、目空一切心态、持之以恒心态、强迫症心态、随遇而安心态、与世无争心态、当老好人心态、惹不起躲得起心态、多一事不如少一事心态、泰然处之心态、一锤子买卖心态、"五空心态"……

几乎一切可以用"心态"作"后缀"的词，都可以叫什么什么"心态"。这个心态、那个心态，有的常用，有的冷僻，有的是人为拼凑而成。

心理与心态相近，但也有不同。

心理，是指生物对客观物质世界的反映，心理现象包括心理活动的过程和人格。人们在活动的时候，通过各种感官认识外部世界的事物，通过头脑的活动思考着事物的因果关系，并伴随着喜、怒、哀、乐等情感体验。心理，按其性质可分为三个方面，即认识过程、情感过程和意志过程。

心态，是指对事物发展的反应和理解表现出不同的思想状态和观点。一般来讲，心理是内在的心之理。

心里面的东西怎么能看得出来？有人对心理学家讲："你能看出我这会儿心里在想什么吗？"这是典型的误解，怎么可能看得出人家心里在想什么？但是，通过人的表现，如一言一行，可以推测出人的心理活动，能"看"出人的心里在想什么。

心态，是同外部结合的心之态，它通过言行状态表现出来。最典型的是，人有阳光的心态，也有消极的心态。

有人说，世间万事万物，你用两种不同的观念去看它，结论可能完全不同：一个是正面的、积极的，另一个是负面的、消极的。

这就像钱币一样，一正一反；也如同天气一样，一阴一阳。

这一正一反、一阴一阳，本来是客观的，但用不同的态度、心态去看它，结果也就可能不同，这就是心态，它完全取决于你自己的想法。

有的人，在没有财富之前，心态好，但是，当他拥有了很多的财富后，心态就不好了，越有越想有，恨不得把全世界的财富都据为己有。按理说，想多多地拥有财富，也没有什么大错，但是，可能有的人想拥有更多的财富的手段就不正当了，就不择手段了，就不对了，甚至是错误的、非法的，这样的心态就不好了。

而有的人，财富到了一个很大的数量级，也不用自己拥有的财富进行消费，更不用自己拥有的财富去帮助别人，活脱脱的一个守财奴，他们的心态词库中，就没有"生不带来、死不带去"的语句，最后的悲剧如某小品中说的："人生最大的悲剧是人没了，钱还没有花完。"拥有这种心态的人还不少！

有的人没有名气之前心态好，努力奋斗，为人谦和。但是，一旦有了一些名气后，要么就飘起来了，找不到北了，"自己姓什么都不知道了"，为人趾高气扬，谁都瞧不起了；要么就患得患失了，不敢再创新创造，甚至畏首畏尾；还有的人，把名气当赌注，以身试法，可能就"摊上事了，摊上大事了！"

这些人这些事，主要的不都是一个心态问题吗？

我曾经在多次演讲中引用过"五空心态",它们也算"心态海洋"中的一滴滴水吧!

第一,空杯心态。

古时候,一位有一定知识的学者到一座庙宇,向那里一位德高望重的老禅师问禅。与禅师见面后,这人却一直喋喋不休地自说自话,不停地说自己的观点。

老禅师一直默默无语,耐心地听这位学者说,并以茶相待。

只见老禅师一边听一边向一个茶杯里面倒茶水,茶杯已经装满了,但是,老禅师却视若不见,还是不停地往茶杯里面倒茶水,茶水都溢出了茶杯。

学者见状,急忙对老禅师说:"禅师,别再倒了,茶杯里的水已经满了,再也装不下了!"

老禅师这时说话了:"是啊,满杯装不进去茶水了,只有空杯子才装得进去茶水哟!"

这位学者听了,马上悟出了老禅师"空杯以对"的禅意。自己装满了成见和看法,怎么可能让老禅师说禅呢?学者自感惭愧!

怀有空杯以对的心态,面对未知的一切,会有好茶可饮,有好知识可学。

第二,空船心态。

《庄子·山木》中有这样一个故事。

> 古时候,有一个人乘船过河,在河中间,眼看对面一只船就要过来撞到自己这条船了。
>
> 这人见状,对着那只船连连大喊大叫起来,但是,无论他怎样喊叫都无人回应,于是,这人大骂对面那开船的人不长眼睛:"简直不知道是怎么开船的!"
>
> 等那只船靠近后,他才发现,撞过来的那只船是一只空船,也没有开船的人,对他的船根本没有什么影响,这时,他不喊不叫不骂了,怒气也消失不见了。

很多时候，有的人生气、生大气，甚至对别人出言不逊，并不是别人伤害了自己，而是自己认为别人有可能伤害自己，这其实就是一个心态问题，如果豁达一些，等事情搞明白了，泰然处之，不是更好吗？

第三，空篮心态。

有爷孙俩，习惯很好，每天清晨，他俩都早早地起来阅读，而且读出声来。

有一天，小孙子问："爷爷，我每天都像这样读书，可是，我年纪小，书上的许多东西我读也不懂，而且，读完后，一合上书本，就忘记了，我这样读书还有什么用呢？"

爷爷没有正面回答孙子的问题，而是转身去拿了一个平时盛装煤炭的竹篮子递给小孙子，并对小孙子说："你去提一篮子水回来。"

小孙子提着竹篮子到了水塘边，装满了一篮子水，迅速地向家里跑。但是，无论他跑多快，竹篮子里的水在他飞跑到家门口之前，都很快漏下去了，结果，竹篮子里一滴水都没有。他又试了几次，结果都是一样的。

小孙子提着空篮子说："爷爷，这不就是竹篮子打水一场空吗？"

爷爷笑着对孙子说："乖孙子，你再看看你手中现在的竹篮子与打水前的竹篮子有什么不一样吗？"

小孙子看了看竹篮子的里外，说："变得干净了，不是黑黑的竹篮子了！"

所以，有人说，只要下功夫，就有收获。正所谓："世上没有无用功，竹篮打水也不空。"

比如多读书吧，哪怕一时半会儿记不住、不理解，但是，书里的知识会进入一个人的血液、骨骼、灵魂，产生一种"潜意识"的东西，会不知不觉地改变自己的外貌和内心；而且，这种潜意识到一定时期会冒出来，体现在自己的言谈举止中。

第四，空碗心态。

古时候，一个小和尚问老禅师："师父，我好累哟！我从早到晚忙碌不停，为什么没有做成什么大事，没有什么成就呢？"

老禅师听了后笑了笑，没有正面回答，略加思考后，叫小和尚拿一只空碗来。

老禅师把十几个核桃放进碗里，问小和尚："你还能把更多的核桃放到碗里去吗？"

小和尚摇摇头说："碗已经装满了，放不下了！"

老禅师又把一些米倒入碗里，只见那些大米填满了碗里的核桃缝，这只碗又被装满了。

小和尚点点头。

"这碗里能装什么吗？"老禅师又问。

小和尚摇了摇头。

只见老禅师将一瓢水倒进碗里，这时，碗里的所有空隙似乎都被水填满了。老禅师又问小和尚："这只碗里还能装什么吗？"

小和尚说："这次真的什么都装不进去了！"

只见老禅师把碗端起来，放到太阳底下，这时，太阳的光芒照射进了装满东西的碗里。这时，小和尚睁大了眼睛，"哇"地叫了一声。

人一生，就是一只空碗，怎样才能装满一只碗？要考虑先放什么后放什么，先把小东西装满了碗，其他东西就装不进去了。

而且，还可以把许多想象不到的东西装进人生的碗里！

第五，空瓶心态。

这是一个寓言故事。

狐狸和猴子都有好几天没有吃东西了，它们都好饿好饿！

于是，它们一起去祈求佛祖赐予它们一些食物。

佛祖说："这里有两个看不见里面的瓶子，一个装满了食物，一个是空的，你们自己选一个吧，选中了就有吃的。"

狐狸想了想，说："我看这两个瓶子都是空的！"

一个瓶子开口说话了："我才不是空的呢！"

猴子听了，赶快选走了刚说话的瓶子，而狐狸则很高兴地选择了不说话的瓶子。

结果，猴子选走的瓶子是空的，没有一点儿食物；而不说话的、狐狸选的瓶子，却装满了食物。

看着猴子不解的神情，狐狸笑了笑，对猴子说："肚子空空的瓶子，才最怕别人说它是空瓶子！"

遍观社会，肚子空空的人、不爱学习的人、没有什么文化知识的人，最怕人家说他什么都不懂，最怕人家说他没有文化！

而爱读书学习的人，有文化有知识的人，你说他什么什么，他并不会在乎的！

这不就是心态吗？

第二章 看看"阳光心态的脸"

人人都有过阳光心态，人人都基本上能看出别人的心态是否阳光。这个"看"，就是别人的一言一行，能表现出他的心态。

其实，自己的心态是否阳光，自己也应该是知道的。

一、人人都需要阳光

"人人都需要阳光""人人都喜欢阳光"，这两句话要加上前提：正常的人。

古往今来，就有一些人畏光、怕光，包括怕太阳光。

曾有一位知名度很高的、职位特别高的领导干部畏光，他在家里，把窗帘拉得死死的，不露出一点光。

其实，许多畏光怕光的人，是由一些疾病造成的。

第一是眼部疾病。各种因素造成眼睛中感知光线的神经细胞功能异常，患者就出现了畏光的现象。

第二是脑部疾病。各种脉冲疾病累及大脑负责感受光线的神经细胞，造成一个人的畏光。

第三是心理疾病。如光线恐惧症、焦虑、双相情感障碍、抑郁症，都会使患者出现畏光的表现。

还有一些其他的疾病也会引起畏光。

但是，不可否认，一些人畏光怕光是心理、心态出现了问题。

一般而言，"人人都需要、都喜欢阳光！"

没有太阳，世界将会怎样？人类将会怎样？世界将不成其为世界，人类将不成其为人类，将会没有生命，没有人类的一切！

人们把阳光、空气和水，叫作"生命三宝""生命三绝"。

大自然里，最重要的、人们最渴求的东西是"阳光雨露"。

自古以来，人类就有对太阳的图腾崇拜；在古罗马，诸多的神中就有太阳神，而且地位很高。

太阳神话研究者、世界宗教学权威麦克斯·缪勒认为"一切神话均源于太阳"。这句在今天看来再也普通不过的名言，却使缪勒一举成名。这真是一句十分正确的"废话"！人类学家爱德华·泰勒也说过一句让世人不断咀嚼，同样是正确的"废话"，"凡是阳光照耀到的地方，均有太阳崇拜的存在"。

这两句以太阳为主角的世界性"广告词"，把太阳推向至高无上的神坛。其实，人类很早就把太阳奉为神灵，认为它有特别神奇的力量左右着人类。

在埃及阿布西尔最早的太阳庙里，太阳神被奉为生命之源。由于太阳光芒普照大地，太阳神成了埃及历代王朝的最高保护神。

上古时期，太阳神在埃及成为"众神之父"，这种现象源于农业与太阳密不可分的联系。埃及文明作为最早的农业文明之一，其优越的农耕条件及环境气候尤其需要阳光的普照。由太阳的作用导致的季节变化，对农耕文明一族有重要意义，使他们最初非常崇拜这位自然神灵。

在古代中国，天地之交、日月相合的认识早已存在。《淮南子·天文训》有云："日出于旸谷，浴于咸池，拂于扶桑。"《礼记·礼器》也称："大明生于东，月生于西，此阴阳之分，夫妇之位也。"而《大戴礼记·曾子天圆》又与《淮南子·天文训》如出一辙："阳之精气曰神，阴之精气曰灵；神灵者，品物之本也。"

在内蒙古阴山、广西宁明花山、四川、云南等地均存在着太阳神和太阳崇拜的岩画。画中一人或多人高举双手以祈求日出，这应该是人类祈求太阳神的一种仪式，今天我们仍可以想象这种仪式的壮观程度。

据传，很早以前有两个国家打仗，打得难分胜负。正在这时，一国的统帅对另一国的统帅说："你们再不认输罢兵，我就把你们享受阳光的权利收回。"另一国的统帅和士兵正在疑惑之时，突然看到太阳逐渐消失，天空逐渐黑暗下来，全军都吓坏了，于是认输罢兵。随后一国的统帅对另一国的统帅讲："好了，我恢复你们享受太阳光的权利。"一会儿，黑暗过去了，太阳重新出现了。

其实，这是那一国的统帅懂得天文，计算出了有日食的缘故。

公元前7世纪至公元前6世纪，伊朗高原上强盛的米底王国向西进攻小亚细亚，遭遇吕底亚王国的顽强抵抗，两国在哈吕斯河（今克孜勒河）一带展开了激烈的战斗。脚下的土地被争来夺去，战役一场接着一场，这样一打就是5年。

一天，两军对阵，激烈的厮杀一直持续到太阳偏西。忽然，士兵们发现，一个黑影闯入圆圆的日面，把太阳一点点吞食，炫目的太阳光盘逐渐减小，大地的亮度慢慢减弱，好像黄昏提前来到。随即，太阳全被吞没，顿时天昏地暗，仿佛夜幕突然降临，一些亮星在昏暗的天空中闪烁。士兵们从来没见过这种景象，惊得目瞪口呆，于是停止了厮杀。

过了不久，太阳重新出现，日食很快结束了，但双方认为这是上天不满两国的战争而发出的警告，仗不能再打下去了。一场旷日持久的战争，就这样因偶遇一次日全食而化干戈为玉帛。

太阳多重要，阳光多重要——不仅对整个世界、对整个人类，而且对每一个人，无论是伟人还是凡人；无论是过去、现在，还是将来。

人人都需要阳光心态，这也是就一般而论。

如果自然界没有阳光，禾苗将不可能生长；树木的光合作用将无法进行；水的液态、气态、固态将不可能相互转换；地球将一片极寒，人类将无法生存。

如果一个人的心态没有阳光，那他无异于死亡。他对人生将不抱希望，会对未来感到失望，会对自己感到绝望，在家庭中感受不到温暖，对前途总是忧伤。他会不愿意生与活，没有活下去的勇气，等待他的，就只能是死亡——要么是生命的结束，要么是身体犹在、心已死亡。

一个国家需要阳光，它会让这个国家奋发向上，立于世界强国之林，会让人民安居乐业、无忧无虑。

一个民族需要阳光，它会让这个民族生生不息、源远流长；文明得以传承，焕发精神荣光。

一个社会需要阳光，它会让这个社会环境优美，物质文明、精神文明、生态文明、政治文明达到相当的高度，到处充满正能量。

一个城市需要阳光，阳光会让城市焕发生机，让城市变成一片热土，让人们积极向上、热心热肠。

一个组织需要阳光，无论是企业、机关、学校、部队，还是医院，有阳光组织会蒸蒸日上，为社会作出更多贡献，为成员谋求更多利益，让组织成员的理想得以实现，让组织成员的人生更加辉煌。

每个人都需要阳光，每个人都应该成为太阳，燃烧自己，给人以温暖；照亮别人，让自己活出精彩！

幼儿有阳光心态，他们会茁壮成长；青少年有阳光心态，他们会成人成才；中壮年有阳光心态，他们会作更多贡献；老人们有阳光心态，虽然近黄昏，但毕竟有夕阳，他们会越活越年轻！

北宋年间著名学者汪洙有一首训蒙幼学诗，名为《神童诗》："朝为田舍郎，暮登天子堂。将相本无种，男儿当自强。"

香港电影《黄飞鸿之二：男儿当自强》中的歌曲《男儿当自强》，歌词写得好，配以雄浑的曲谱，听之让人热血沸腾，荡气回肠！

> 傲气面对万重浪，热血像那红日光，胆似铁打骨如精钢，胸襟百千丈，眼光万里长，我奋发图强做好汉，做个好汉子，每天要自强，热血男儿汉比太阳更光，让海天为我聚能量，去开辟天地为我理想去闯，（看碧波高壮）又看碧空广阔浩气扬，我是男儿当自强，昂步挺胸大家做栋梁，做好汉，用我百点热耀出千分光，做个好汉子，热血热肠热，比太阳更光！

每当听这首歌、唱这首歌、读这些歌词，人们都热血沸腾！

我们需要阳光，同样需要阳光心态。

让太阳更光亮，比太阳更光亮，让心态更阳光！

天放晴了，人们的心情可能会好起来；天阴冷了，人们的心情可能也会变坏。

一般人都会把有阳光的天叫作"好天"，人们最喜欢艳阳天，最讨厌阴雨天，"秋风秋雨愁煞人"。

其实，这只是一种比喻，真正的"天"，真正的好天，都取决于我们自己，是自己的身心，特别是心态！

自然的天阴雨绵绵，如果我心中充满阳光，我何愁之有？

自然的天阳光明媚，如果我心中一片灰暗，我独愁闷之！

我们需要自然的阳光，更需要心态的阳光。

我们需要一阵阵的阳光，更需要持续的阳光。我心已阳光，我心最阳光，我心更阳光，我心永远阳光！

有阳光心态的人，他的心正，会走正道、办正事、做正人、交正友、人正直、事正规、有正气、行正义、讲正理、有满满的正能量，终究会成为正人君子。

有阳光心态的人，会充满信心、满怀希望、从不言败、绝不言输，会诚实，有担当、负责、有爱心，会努力学习、热爱生活、踏实工作，会有不屈不挠的进取精神和心态。

有阳光心态的人，会积极向上、努力而为、尽职尽责、忠于职守，会顺应时代的潮流，成为社会发展的促进者。

阳光心态能充分调动出心灵的巨大能量和智慧，使你的事业、身体和婚姻等都达到一个完美的境界。

阴暗的心态表现为消极、消沉、悲观、失望、自卑等不良心理。它是一种坏心态，它阻碍了心灵能量和智慧发挥，会更多地让人看到社会的阴暗面，让人怨天尤人，总认为别人对不起自己，总认为社会或他人亏待了自己，总认为每个人都是坏人。

人们发现，许多人的心态的确出了问题。

财富不断增加，但快乐越来越少；

沟通工具越来越多，但心灵的沟通越来越少；

认识的人越来越多，但真正的朋友越来越少；

物质丰富与精神空虚、压力增大成了正比。

有心理障碍，如自卑、懦弱、恐惧、嫉妒、虚荣、贪婪、仇恨、苛刻、挑剔、失望、绝望、忧郁、抑郁、轻生的人好像越来越多……

甚至有的人的心态表现为变态，经常听人说："你变态！"如果不是骂人的话，实际生活中的确有的人"变态"。"失态"说的是外形，"变态"说的是内心，是心理变态。

《水浒传》中有些"英雄好汉"，杀人越货不说了，还将人肉做成包子，卖给人家吃，在一个"义"字下，掩盖着人性中嗜血的丑恶本性，这是严重的心理变态。

抗日战争时期，日本侵略者对中国无辜老百姓大肆杀戮，还要比谁杀得多，以此为乐，这就是严重的心理变态。

今天的社会中，有人总是怨天尤人，总是牢骚满腹，甚至站在社会的对立面。

有的人欺诈、欺骗，用尽各种手段，让人防不胜防，让许多人吃不能吃、用不能用、对人不能信，这些行骗之人，当然是一种变态！

有人总攻击诋毁我们的社会，总是唱衰我们的发展，对改革发展的主流视而不见，总是找一些负面东西论证社会的这也不是那也不是，这当然不是阳光心态，当然是一种心理变态！

凡此种种，都是与阳光心态相反的心态！

头上总是顶着乌云，当然就见不到太阳。

如果一个人在黑暗中待得太久，他迟早会忘记在阳光中的回忆。

美国第一位总统华盛顿说得好："一切的和谐与平衡、健康与健美、成功与幸福，都是由乐观与希望的向上心理产生与造成的。"

在心态方面，有的人有诸多的"不知道"：

不知道如何排解压力，不知道如何对待财富，不知道如何快乐生活，不知道如何享受工作，不知道如何修炼自己的心态使之阳光，不知道如何调整心态，不知道何为阳光心态，不知道如何让心态阳光、更阳光、持续阳光。

要知道才好！知道后才能修炼自己的心态！

二、阳光心态的种种表现

人们习惯于把有太阳的晴天叫好天，许多人都这样说："天放晴了，太阳出来了，这天多好啊！"

也有人这样说："天要作丑了，看这天，老是阴沉个脸，好像谁欠它什么似的！天要下雨了。"人们习惯于把阴天、雨天叫不好的天。

阳光天气多好啊！

于是，有人就把"阳光"二字借用到心态上来了，出现了一个新词"阳光心态"。

一提到阳光，人们普遍认为很好；一提到阳光心态，人们也普遍认为很好，都把阳光心态叫作好心态，赞扬人时，也经常说："这人心态好，很阳光！"

而阳光心态的种类也很多，什么是"阳光心态"？其实很多人都心知肚明，前面讲到的那位向邻居借锤子的人的心态，就是典型的心态不阳光。

下面这个故事，就能体现阳光心态。

这个故事叫作《认错未必输》。

古时候，某座山上有两座和尚庙。左边一座庙里的和尚经常吵架、互相敌视、生活痛苦，大家心里都不舒服。

右边那座和尚庙里的和尚们十分和谐，个个经常笑容满面、生活欢快。

左边庙里的方丈感到好奇，便到右边庙里来私访，希望得到一些经验。

左边庙里的方丈问右边庙里的小和尚："你们为什么能让庙里永远保持愉快的氛围呢？"

小和尚回答："因为我们经常做错事。"

左庙方丈正在迷惑时，忽见一名和尚匆匆由外面回来，走进和尚庙大殿时不慎滑了一跤，这时，正在拖地的和尚立即跑过来，扶起他说："都是我的错，把地擦得太湿了！"

站在大门口的和尚见状也跑过来懊悔地说："都是我的错，没有及时告诉你大殿里正在擦地。"

刚摔倒被扶起来的和尚则愧疚自责地说："不！不！不！是我的错，都怪我自己太不小心了！"

前来请教的左边庙里的方丈看到眼前的这一幕，心里明白了，他已经知道答案了！

读者朋友们，看了以上这个故事，你知道什么叫阳光心态了吗？

有的人，错了也死不认账，认为凡错误都是别人的，自己都是正确的，总是埋怨别人，完全不从自己那里找原因，这哪里有阳光心态可言？

于是，人们把正向的、积极的、健康的心态叫作阳光心态。

阳光心态，就是快乐的心态，让自己快乐，更是给别人带来快乐！

阳光心态，是一种精神，是一种有进取的、积极向上的精神，是一种有朝气的精神，是一种永不言输、永不言败的精神，是一种处处为别人着想的精神。阳光心态就是一种健康的心理活动。

人们又把负面的、消极的心态和不健康的心理活动叫作阴暗的心态，它能使人沮丧、难过、没有自信、没有希望，使人总是提不起精神，使人没有主动性。

有人把阳光心态叫作"适应心态"。

适应什么？与什么适应？主要是与环境相适应。

这些环境，包括自然环境、工作环境、生活环境、学习环境、人际环境、人文环境、生态环境、文化环境等。

有阳光心态的人，会主动适应环境，就算工作环境不是太好，也不怨天尤人，而是从自身找原因，而且会努力创造一个良好的小环境！

适应环境，既是一种能力，更是一种心态，只有心态阳光的人才能适应各种环境。

主动适应环境，是阳光心态的表现。如果不能主动适应，被动也可：你不能改变世界，那就适应它吧。这就是人们常说的："当一个人摆不平世界时，那就摆平自己。"

有人把阳光心态叫作和谐心态，是与国家、民族、社会、环境、组织、群体、同事、领导、部下、工作等和谐，特别是与自我和谐，这是一种主动式的和谐。不和谐，何来阳光心态可言？

如果是主动制造不和谐，老是制造麻烦、制造矛盾，那就是与阳光心态相反的心态！

有人把阳光心态叫作高情商心态。情商高的人，心态更加阳光。许多有情绪方面病症的人，智商并不一定低，但心态却不一定阳光，情商也不一定高，情绪的控制和调节方面有一定的不足。

有人把阳光心态叫作快乐的心态。拥有阳光心态的人，会爱岗敬业，会乐业，会在工作中找到快乐、在职业和事业中找到乐趣；拥有阳光心态，人们的生活就会快乐，总是那么乐呵呵的，好像没有什么忧愁似的；拥有阳光心态的人，会在学习中找到快乐，还拥有快乐学习法。

有人说阳光心态是一种幸福心态。拥有阳光心态的人会懂得幸福，生在福中知幸福、珍惜幸福，在幸福中享受幸福，在不幸福中寻找幸福，采取多种方式，帮助别人获得幸福，让别人得到幸福，并从中感受到幸福。

有人说，阳光心态是一种正能量的心态。这样的人，他们的言行举止、他们的文章、他们的演讲、他们在微信朋友圈中原创或转发的东西，总是与社会相向而行，总是给人以正向的知识，总是引导人们去为社会作贡献，总是为社会大众着想，总是想方设法促进社会的进步，这种正能量的人，是社会的促进派。

有人说，阳光心态的人，他们热爱祖国、热爱中华民族，热爱家乡、城市、城区，他们会爱家人、爱师长、爱学生，爱客户、爱领导、爱部下、爱同事、爱服务对象，在他们的心里，充满了爱。他们爱自己也爱别人，他们的一言一行，都是有利于党和国家的核心利益的，在事关国家命运、民族大事方面，一定是敢于担当的人。

有阳光心态的人，会注重自己心态的修炼，把不阳光的心态修炼成阳光心态，变坏心态为好心态。下面这个故事《兰花》，就是其中一例。

古时候，在一座和尚庙里，一位得道的老和尚特别喜欢兰花，他认为兰花高洁清雅，具有君子的气质。于是，老和尚便养了一些兰花，经常浇水施肥、精心照料，这些兰花也长得十分可爱。

有一天，老和尚把小和尚叫到跟前，对小和尚说："我要外出云游数日，麻烦你把我这些兰花照料好！"小和尚满口应诺，说道："师父放心走吧，我会精心照料的。"

老和尚走后的第三天，天上忽然刮起大风、下起大雨，把老和尚养的兰花搞得七零八落、乱七八糟、一片狼藉。

小和尚见状大惊失色，心想师父回来一定会责怪自己，甚至臭骂一通，心里惴惴不安。

过了几天，老和尚回到庙里，见到了他喜爱的兰花的惨状，小和尚先行认错："师父，您肯定会很生气的，我没有把您心爱的兰花照料好，您责罚我吧！"

老和尚听了，并没有生气，反而面带笑容，对小和尚说："我怎么会生气呢？我怎么会责罚你呢？养兰花本身就是为了愉悦身心，我没有必要为了兰花让自己生气；而且，兰花成了这个样子，都是老天的原因，怎么能怪你呢？再说了，老天爷也是没有错的呀！"

显然，上面这个故事中，老和尚的心态就是一种阳光心态！

阳光心态的主要特点很多，比如：

利他、爱他、自爱、积极、知足、感恩、达观、宽容、自信、欣赏、合作、责任、给予、奉献、舍得、得舍、快乐、良心、善心、爱心、仁慈心、宽容心、欣赏心、责任心等。

一个人的价值取向、伦理道德水准、智力高低程度也都可能体现他的心态是否阳光。

我特别坚定地认为，具有善良之心的人，一定是一个有阳光心态的人。

2018年8月12日，我同夫人陈女士一起游览海南三亚南海观音文化公园。一位男导游为我们讲解，刚讲了几句，我就发现他不太专业，毕竟我到过几十个国家和国内的许多地方旅游、游学，见到的导游很多，听到的导游讲解也很多。于是，我便与这位讲解人员交流起来。

得知他并不是专业讲解人士，不是旅游学校毕业的，而是某佛学院毕业的。我一听，感兴趣了，毕竟我作国学的演讲、写国学的书，要讲到、写到国学方面的东西，便有意问他当年神秀的诗偈，他马上背出来了："身是菩提树，心如明镜台；时时勤拂拭，莫使惹尘埃。"我又谈到六祖慧能的诗偈，他马上又背了出来："菩提本无树，明镜亦非台；本来无一物，何处惹尘埃。"

我觉得他确实是佛学院毕业的了！

然后，我又请他用一个字表述佛学、佛理、佛意，这是没有标准答案的。这位讲解人员略加思考，回答了我一个字："善"，我点头以为然！在2023年底，我曾经与重庆一座知名寺庙的得道高僧一起共茶聊天，请教过同样的问题，这位方丈的回答也与我心中的想法一致。

我接着又问这位讲解员："能否用一句话表述佛学、佛理、佛意？"

这位讲解员思考了一会儿，摇了摇头，笑着问我的看法，我回答道："与人为善。"他听了，点头笑了，深以为然！

好一个"善"字！善、善心、善行，做善事，是典型的阳光心态！

其实，只要是正宗的宗教特别是佛教，都是劝人行善的。

岂止是宗教，应该说，一切的教育都要劝人行善。

佛教中的善体现在口头禅是"善哉、善哉"（好啊、赞同、赎罪），行动上主张行善，种善因，结善果。

道家学说也是大讲其善的，比如老子的《道德经》有5000多字、81章传世，是中华传统文化的奇葩、瑰宝，其中讲了很多个"善"字。

在《道德经》全书81章中，有人统计，其中有16章讲了52个"善"字。其实，《道德经》的每一句话都在讲"善"。他主张善良、善于、善长、善事。

《道德经》中的这一段话，我读了很多遍，演讲中也引用了很多遍："上善若水。水善利万物而不争，处众人之所恶，故几于道。居善地，心善渊，与善仁，言善信，政善治，事善能，动善时。夫唯不争，故无尤。"

儒家的亚圣孟子，特别主张"善"，孟子的"与人为善"得到很多人的认同，"孟子道性善，言必称尧舜"。

四书之一的《大学》，就有"《大学》三纲""儒学三纲"：明明德、亲民、止于至善。

止于至善，什么意思？至善就是最善良、达到完美的境界。

我很喜欢曾子的这句话，"人而好善，福虽未至，祸其远矣；人而不好善，祸虽未至，福其远矣"。

对《三国志》中的这两句话，我也特别喜欢，"勿以恶小而为之，勿以善小而不为"。

王安石的《周公》古语，我演讲中也多次引用，"立善法于天下，则天下治；立善法于一国，则一国治"。

《易经》有言："积善之家，必有余庆；积不善之家，必有余殃。"

古善今用体现在，习近平同志领导全国人民，实现中华民族伟大复兴，是大善；扩大开放、深化改革，实现中国式现代化，是大善；让人民过上美好的生活、走上共同富裕的道路，是大善；高质量发展国民经济，是大善；践行社会主义核心价值观之"友善"，是大善……

这些，就是阳光心态！

"善"，是中华传统文化的精髓。如今，领导教育下属、老师教育学生、父母教育孩子，最基本的是要做一个善良的人，这也是阳光修炼最基本的一点。

关于善良，我很喜欢茅盾文学奖得主梁晓声关于"文化"的一段话，文化就是"植根于内心的修养，无需提醒的自觉，以约束为前提的自由，为别人着想的善良"。

"为别人着想的善良"，是典型的"与人为善"，这既是国学、中华传统文化的大智慧，也是每个人的大素养，更是阳光心态的大善良！

关于善良，梁教授讲了他小时候的一个故事"一碗面疙瘩"。

梁教授小时候，家里有一顿饭"断顿"了。他的母亲想了一个办法，把以前的空面粉袋找出来，一个一个地抖，结果，抖出了大半碗面粉，母亲把这些面粉和着一些野菜煮了一锅"野菜面疙瘩汤"，为全家人解决这一顿饭。

正当全家人吃着香喷喷的野菜面疙瘩汤时，门口来了个快饿倒的乞丐，梁教授的母亲见状，便把她自己手中刚吃了两口的野菜面疙瘩汤碗递给了那个乞丐，只见那个乞丐接过碗狼吞虎咽地把剩下的野菜面疙瘩很快吃光了，从而生命得到了延续。

但是，这一幕被隔壁邻居看见了，悄悄向上级领导汇报说梁教授家里不缺粮，还有余粮给叫花子吃。

上级领导也没有经过认真调查，就少给梁教授家配了粮食，这让梁教授气得不得了。

过了一段时间，梁教授的邻居家也"断顿"了，这时，梁教授的母亲从家里舀了半碗面粉，让梁教授给邻居家送去。

梁教授对妈妈说："妈妈，您忘了邻居家向上级领导乱告状的事了？"

梁教授的妈妈对他说："别人犯的错不要放在心上，为难别人其实就是跟自己过不去。"

我认为，这就是非常典型的"与人为善"，是典型的阳光心态。

这样的话在梁教授心里深深地扎下了根，后来，他写的诸多作品，包括中央电视台热播的电视剧《人世间》，哪怕说的是张家长李家短的小事，也充满了与人为善的大道理。

重庆合川区有一个木雕木刻公司，叫"楠山坊"，老总陈女士是重庆木雕刻艺术的非物质文化遗产的传承人，获得过"合川工匠"的称号。

我曾经几次到陈女士的"楠山坊"考察调研，写了20多篇关于陈女士的金丝楠木雕刻艺术的小文章发到微信朋友圈中。

陈女士见我经常为别人写毛笔字，说要送一枚金石印章给我，并问我想雕刻哪几个字，我毫不犹豫地说："就雕'与人为善'四个字！"

我特别喜欢孟子说的"与人为善"！后来，在赠送给他人我的毛笔字作品时，我都要盖上"与人为善"这四个字的印章。

与人为善，心态阳光！

心态阳光，与人为善！

我坚定地认为，心态阳光的人，一定是一个对父母长辈尽孝道的人！

修炼阳光心态：美美与共

我曾经出版过一套时长3个多小时的演讲视频《中华传统文化之孝者天助》，在其中讲道："儿女：为什么要尽孝？人们会说出一千个理由、一万个道理，我认为，第一个理由、第一个道理就是儿女尽孝，天经地义、自然而然。"这就是说，儿女尽孝不需要讲那么多理由和道理，这是必须做的事！

在演讲视频中，我还引用了《诗经·蓼莪》中的："父兮生我，母兮鞠我，拊我畜我，长我育我，顾我复我，出入腹我。欲报之德，昊天罔极。"

视频中我还讲了："儿女对父母尽孝，天经地义、自然而然、本该如此。这是一个很简单的问题，这是一个很深刻的问题，这是许多人做得很好很好的事，这也是有些人做得不太好的事。"

我曾经讲道："尽孝是一个人对历史的总结，是一个人对现状的检验，是一个人对未来的预测。盘点一下、回顾一下自己的历史，我在尽孝方面做得怎样？光辉吗？光彩吗？审视一下自己的现状，为什么好、为什么不好、原因是什么？预测一下自己的未来，我今后的日子好不好？如果不太好，怎么办？求人不如求己！求己，求什么？非常重要的一点：尽孝啊！"

我还讲了："儿女对父母的尽孝，是优秀的起点、是最高的准则、是教化的源泉、是最基本的伦理、是文明的标志、是道德的核心、是道德的底线、是道德中的道德、是人品中的人品、是正能量中的正能量、是心态阳光中的阳光！"

重庆市首届十大"渝商"之一的一位薛董事长，他用孝道文化来管理企业，很有成效！薛董事长对他自己的父母尽孝，身体力行，做得很好；他还要求全体员工对自己的父母要尽孝。他认为，一个连父母都不孝顺的人，怎么可能忠诚于企业、董事会、股东和客户？他认为，在企业里，爱岗敬业、做好本职工作是对父母最好的尽孝，因为这是父母最希望儿女做的事情。

在薛董事长的公司中，提拔干部、管理者的重要标准，除了爱国爱企以外，就是孝道！

他听说我发布了《中华传统文化之孝者天助》的演讲视频后，购买了几十套，中高层管理者人手一套，要求他们观看后写心得体会，还要组织员工观看。

其实，这是一种非常好的管理方法和艺术，用中国传统文化进行管理，用孝道文化进行管理，效果很好！

显然，这位薛董事长的心态是非常阳光的，他也希望他所领导的管理者和员工们的心态也这样阳光起来。

几年前，我为广东的一些党政干部作"中华优秀传统文化"方面的演讲，讲到了孝道问题，我讲得很投入，显然打动了听众，学员听得很认真。演讲结束后，学员中一位带队的局长现场作总结，其中有这样一段话："今天听了曾教授讲传统文化、讲孝道文化，我深受教育，因此我要求全局干部职工，今后要做到'四个一'：每一天向父母请安问好，如果没有在父母身边，要打电话、发微信问候；每一周请父母喝一次早茶（包括吃点心）；每一个月请父母到好一点的餐厅好好吃上一顿；每一年请亲朋好友来同父母团聚一下。"

我在现场听了这位局长关于"四个一"的讲话，深表赞同，同时认为这位局长是一位阳光心态的领导，他让部下做到这"四个一"，也是希望他的部下心态阳光。

我坚定地认为，心态阳光的人，一定是一个为人处世很厚道的人。

厚道，就是对人宽厚不刻薄。心存厚道，人必帮之，天必佑之。

厚道，是无为而为，是看不见的道德；是人格的回味，如江河深层的劲流，它有力量，但表面不起波浪，它让人心里暗暗佩服。

厚道，是一个人素养中的素养，心态阳光中的阳光！

人若厚道，天不欺，能信任，因为他善良、宽容，为别人着想，他会与人为善。

厚道的人，作为朋友，可交；作为老师，可敬；作为同事，可信；作为上级，可从；作为下属，可用；作为管理者，可亲。

一位厚道的领导，会经常帮助下属而不求回报。

在演讲中我多次引用过这样一个经商厚道的故事。

从前，有一位商人，经商几起几落，在濒临倒闭的时候，想起他的父亲临终前关于经商的一番话，终于悟出了经商的秘密，从此可持续地赚大钱，把自己的企业办成了一个百年老店。

他悟出的经商秘密是什么呢？

"与别人合作，拿七分合理；拿八分可以；但是，我们家只拿六分。"这就是我们经常说的"有钱大家赚"，合作共赢！

这也是典型的经营中的厚道、生产经营中的厚道、经商中的厚道。这种经商中的厚道，只有阳光心态的人才可能具备。

我坚定地认为，心态阳光的人，一定是一个走正道的人。

前几年，在作"我国民营经济的生存发展之道"的演讲时，我多次讲过这样几个"道"。

第一，民营经济生存发展的"天道"。

这个"天道"是什么呢？主要是对民营经济发展的正确认识；党和政府对民营经济发展的正确政策；中央成立了民营经济发展局，有利于民营经济的高质量发展；习近平同志、党中央的民营经济发展的战略意图十分清晰，应大力支持；有以习近平同志为核心的党中央的坚强领导；中国宏观经济形势的总体向好等。

第二，民营经济生存发展的"地道"。

这个"地道"是什么呢？主要是中央和各级政府对大力支持和发展民营政策落实的力度、营商环境的进一步改善。

第三，民营经济生存发展的"人道"。

这个"人道"是什么呢？根本说来，就是"人"。是人去发展民营经济，民营经济的生存发展靠的是人！

正如毛主席说的："世间一切事物中，人是第一个可宝贵的。在共产党领导下，只要有了人，什么人间奇迹也可以造出来。"

第四，民营经济生存发展的"正道"。

在演讲中，我接着讲了，民营经济的生存发展，除了天道、地道、人道，最根本是要走正道！

唐朝著名诗人李贺有一句名诗"天若有情天亦老"，毛主席引用后加了一句"人间正道是沧桑"。

什么意思？就是做人、做事、做企业，无论什么天道、地道、人道，走正道才是王道，走正道才经得起沧海桑田的考验，才经得起历史的检验。

试想，有几个百年老店，不是靠走正道发展到今天的？

什么是民营经济生存发展的"正道"？最根本的一条，就是诚信经商、合法经营。

显然，走正道的民营经济、走正道的民营企业、走正道的民营企业家，所代表的心态才是阳光的，因为正道就是"阳光大道"！

2024年1月14日，我参加了某省的"重庆商会"的团拜会，与会长交流，他是一位上市公司的董事长，他的企业就是民营企业。

这位董事长对我讲了这样一段话：

"教授，我这个企业，有5000多名员工，2023年人均涨薪8%。我经营这么大一个企业，我不能做亏本生意。如果我的企业亏本了，倒闭了，我这5000多名员工怎么办？他们就没有工作了，没有饭碗了，这5000多个家庭，又该怎么办？"

我听了，不停地点头称是！这不就是厚道经营吗？这不就是与人为善、为别人着想的善良吗？这不就是阳光心态吗？

这位董事长又讲了："我做企业几十年，为什么从不亏本？因为我从来都是诚信经营，不搞歪门邪道，不去投机取巧。"

这就是非常典型的经营管理的"走正道"啊，是典型的阳光心态啊！我对这位民营企业的"掌门人"领导他的企业一直走正道经营，深表肯定。哦，补充两点：

第一，这位董事长的企业正在拓展海外市场。

第二，他曾经三次听我演讲，我曾经送过几本我的书给他。

当然，我们的价值观一致，应该说，我们的心态是一样的，都是阳光的！

什么是阳光心态？很重要的一个方面是用什么样的眼光看别人、看自己、看社会、看事物。

如果用阳光心态看别人，看到的是别人的优点居多，那么，看到的是这个社会的好人居多。

下面的一则故事是《老奶奶的一番话》。

有人问，奶奶，您对你老先生那么好，难道他就没有缺点吗？

老奶奶答：有，太多了，缺点如天上的星星，多得不得了。

又问：您的先生难道就没有优点吗？

老奶奶又答：有，优点只有一个，优点如太阳。

又问：既然您的先生有那么多的缺点，只有一个优点，您为什么那么爱他？

老奶奶又答：要知道，太阳一出来，星星就都没有了。

什么是阳光心态？老奶奶的话让我们悟道了！

第三章 修炼成积极的心态

阳光心态，就是健康的心态，就是积极的心态。

积极，是正面的、进步的、主动的、努力的心态与状态以及言行举止。心态要积极才阳光，积极才健康！

把自己可能存在的消极心态，修炼成积极心态。

这里的"积极心态"，首先是积极面对一切的心态。

这里的"一切"，主要包括哪些呢？人、事、物，工作、学习和生活，过去、现在和未来，他人与自己，组织、团队与社会，亲朋好友，领导、部下与同事，成功与失败，顺境与逆境，得势与挫折，金钱、名誉、权力与地位……

总之，积极面对一切的一切。在这"一切"之中，本书重点讲两个方面的积极面对：一是积极面对未来；二是积极面对工作。

在积极面对中修炼成阳光的心态。

一、积极面对未来的心态

未来，谁都不知道像什么样子、以什么方式来、什么时候来、是福还是祸而来？虽然谁都不知道，但是，这正是未来的魅力所在。

1978年，我考入重庆大学读本科，当时我做梦都没有想到，今后会在重庆大学任教，还当上了二级教授、博导、院长、院党委书记，更没有想到会两上中央电视台《百家讲坛》作演讲。

这就是没有想到的未来！

2005年，我到中央电视台拍片，见到了河南大学的王教授，他也去拍片，我们一个桌子吃饭。有一次，王教授到重庆来演讲，他说："我为《百家讲坛》讲'读史记'，等了四十年。"

有的人感到很奇怪："等了四十年"，怎么可能？四十年前谁知道中央电视台有一个《百家讲坛》栏目？那时怎么知道四十年后的未来？

但是，王教授的这句话很好理解！

王教授在四十年前并不知道未来要上中央电视台《百家讲坛》去演讲"读史记"，而且会如此之火，但是，王教授平时里努力读书学习，作了知识的储备、能力的训练，《百家讲坛》一来，他就上去了，而且讲得那么好。

这就是我们平时经常听到的一句话，"机会总是留给有准备的人"。

这是王教授积极面对未来的阳光心态的典型例子。

其实，人生处处有《百家讲坛》，学校有、企业有、机关有、医院有，只要每个人有积极面对未来的阳光心态，努力而为，早做准备，就会登上自己的《百家讲坛》。

积极面对未来的第一要求，是对未来总是充满希望、充满信心，这是最阳光的心态。

面对未知、无涯的未来，充满风险甚至是危机的未来，该怎么办？

重点是"自树信心"。

哪怕遇到再大的困难，哪怕面对再多的问题，哪怕前面有再多的不确定性，也要树立信心，"信心比黄金和货币都重要"。

毛主席在《七古·残句》中有两句很有名的诗，我在演讲中多次引用，这两句诗是："自信人生二百年，会当水击三千里。"

一个人，要对自己、对自己的家庭、对自己所在的团队充满信心；对中华民族、对我们的国家、对中国共产党充满信心、对实现伟大复兴的未来充满信心。

习近平总书记特别强调中国共产党的"自信",他说了:"全党要坚定道路自信、理论自信、制度自信、文化自信。"当今世界,要说哪个政党、哪个国家、哪个民族能够自信的话,那中国共产党、中华人民共和国、中华民族是最有理由自信的。有了"自信人生二百年,会当水击三千里"的勇气,我们就能毫无畏惧面对一切困难和挑战,就能坚定不移开辟新天地、创造新奇迹。

有自信心的人心态最阳光,修炼阳光心态,很重要的就是要有自信心。别人可以给予你很多鼓励、欣赏你的点滴成绩成功成就,但是,立志修炼阳光心态的人,必须"自树信心"!

这里的自信,不是盲目的、无知的、毫无理由的,面对未来充满自信,精神是可贵的,但是,信心是需要有底气的。

中国共产党的"四个自信",底气何在?

一是我们有上下五千年的中华优秀传统文化。

二是我们有红色的革命文化。

三是我们有改革开放的中国特色社会主义建设的先进文化。

这四个自信,必须始终坚持;这四个自信,说到底是坚定文化自信,它是中国特色社会主义建设的中国特色的关键!

相信未来会更美好,是自信!

永不言输、永不言败是自信!

对自己所从事的事业不放弃、不舍弃、不丢弃、不抛弃、不嫌弃、不遗弃、不离不弃,是自信!

永远不要消沉、不灰心,是自信!

怎样自树信心?比如在经济发展遇到困难的时候,不妨朗诵一下习近平总书记关于"大海与小池塘"的论述,我们的信心会更足。

中国经济是一片大海,而不是一个小池塘。大海有风平浪静之时,也有风狂雨骤之时。没有风狂雨骤,那就不是大海了。狂风骤雨可以掀翻小池塘,但不能掀翻大海。经历了无数次狂风骤雨，大海依旧在那儿！经历了5000多年的艰难困苦，中国依旧在这儿！面向未来，中国将永远在这儿！

这就是阳光心态的积极面对未来。

面对严峻的国际形势和严峻的国际政治经济环境，我在演讲中，曾经多次建议人们吟诵一下金庸的《倚天屠龙记》中的"九阳真经"口诀：

> 他强由他强，
> 清风拂山岗。
> 他横由他横，
> 明月照大江。
> 他自狠来他自恶，
> 我自一口真气足。

这里的"我自一口真气足"，就是"自树信心"。

第二，积极面对困难与问题。

未来的工作、学习与生活，肯定会有种种困难，肯定会遇到这样那样的问题，怎么办？

这可能恰恰是修炼我们的阳光心态的好时机。

积极而不消极，阳光而不阴暗，希望而不失望，进取而不退缩。

积极面对未来的自信，就是在困难面前、问题面前、危机面前，首先想到的不是畏难，不是畏惧，不是退却，不是退缩，不是总想到失望、失败，不是被困难所吓倒。

首先想到的是如何想办法去解决问题、如何克服困难。

李强总理曾经说过："我们这一代中国人从小听得最多的故事就是大禹治水、愚公移山、精卫填海、夸父逐日等等，都很励志，讲的都是不怕困难、不畏艰险、勇于斗争、自强不息的精神，我们中国人不会被任何困难压倒。"

李强总理还说了："坐在办公室碰到的都是问题，下去调研看到的全是办法，高手在民间。我们一定会推动各级干部，多到基层去调查研究，问计于民，

第三章 修炼成积极的心态

问需于民，向群众学习，拜群众为师，帮助基层解决更多的实际问题。"

第三，努力实干有所作为。

积极面对未来，只有信心和面对困难还远远不够，还必须把困难克服掉，把问题解决了，做出业绩来，这才是真正的"积极面对"！在解决问题中，在克服困难中，在实干做出业绩中修炼阳光心态，可能是最好的方法。

积极面对未来，注重一个"做"字，注重一个"干"字，注重行动、操作、完成、贯彻、实施、落实，关键在落实！注重"撸起袖子加油干"。

积极面对未来，信奉的是"空谈误国，实干兴邦"，信奉的是"不干，半点马克思主义也没有"，信奉的是"用业绩说话"！

有一位智者问一个农夫："种麦子了吗？"

农夫回答："我没有种麦子！因为担心虫子会吃了麦子。"

智者又问："那你种棉花了吗？"

农夫又答："我没有种棉花，因为担心天下雨，无法播种。"

智者又问："种蔬菜了吗？"

农夫又答："没有呢，我担心蔬菜长成后别人会来偷。"

智者接着又问："那你种了什么？"

农夫接着回答："我什么都没有种，我要确保不出事，确保安全！"

这段对话可能只是一个笑话，但在实际生活中，类似这个农夫的前怕狼、后怕虎、一点事也不敢做的人和事儿还真是有的。

一方面，这种人对未来可能出现的困难和问题没有积极面对，总是患得患失、畏首畏尾、不愿意付出、不愿意冒风险、不愿意去做去干，总是迈不出做事的那一步，最终会一事无成！

记住了：未来有风险、危机，未来也有机会、机遇。积极面对未来，机会多多、机遇多多，必须把机会机遇掌握在手中！

修炼自己的心态、积极面对一切，自树信心，不畏艰难险阻，实实在在地干，这样，心态也修炼成阳光的了，机会、机遇也就抓住了。

二、积极面对本职工作

在职场中的人，工作岗位就是他们最好的心态修炼场所。怎样用积极的心态面对工作，怎样用阳光的心态去做本职工作，怎样让自己的心态在本职工作中修炼得阳光、健康？道路万千条、方法千万个，我认为，重点在于具有爱岗敬业与奉献精神，并做出业绩。

（一）什么是爱岗敬业与奉献

爱岗，就是热爱本职工作，热爱工作岗位，热爱自己所从事的工作。

爱，就是珍惜、珍视、珍爱、珍重、尊重、尊敬、尊崇、尊爱、热爱，就是有热情、激情，有热度、温度。

敬业，就是尊敬自己的职业、事业，用一种恭敬严肃的态度对待本职工作，是对本职工作负责的态度。

实际上，爱岗就是专心致力于自己所从事的本职工作。

敬业，最典型的就是三国时期的诸葛亮，他的"鞠躬尽瘁，死而后已"。

奉献，是高层次的爱岗敬业，最积极的心态就是奉献！

一般意义上的爱岗敬业，就是"做了""做好了"。高境界的爱岗敬业，就是献出看家本领、竭尽全力、拿出绝活，把本职工作做得非常好！

奉献，就是恭敬地交付、呈献、给予、献给。

奉献给谁？奉献给祖国、社会、组织、团队、家庭、亲朋好友。

（二）爱岗爱得有深度

积极的心态的人，对本职工作、对岗位的爱，是有温度的：热心热肠、热血热情，深深地爱、深情地爱，在态度、程度、力度、高度、广度、深度上都爱得深沉。

对本职工作爱之深、情之切、意之浓，是物我两忘的爱！

一个人，爱的东西会很多；一个人，爱的东西可能会转移。

我在《部下艺术与卓越执行力》的演讲视频中讲了："你所爱的东西，不一定都能拥有；但是，你拥有的东西，一定要好好地去爱它。"

比如，你所在的国家、城市、地区、社会、组织、团队，你的领导、下属、同事，你的家庭、家人、好友、客户、自己，你的工作岗位、你的职务职位，等等，你都应该好好地、深深地爱它们、爱他们，在这种爱的过程中，自己的心态会修炼得更积极、更阳光！

怎样对工作岗位爱得有深度？

1. 努力寻找爱点

什么是"爱点"？

比如，一本书、一件商品、一部电视剧、一个女孩、一个男孩等等，如果要你爱它、爱她、爱他，你是爱它爱她爱他的哪一点？是一个点还是几个点？

比如在职场中，你对自己的本职工作的爱点是什么？就是工作的价值点、兴趣点、兴奋点、快乐点、幸福点！

有了这些爱点，就能够理性地去爱本职工作，从而，爱岗爱得有质量、有深度，爱得理性、有层次。

比如我锻炼身体，当年我读高中时，特别喜欢打篮球，曾经是县中学校篮球队的队长，于是，我就尽量去找打篮球的好处，理性地爱打篮球。

后来年纪大了，打篮球体力不支了，于是，我就打乒乓球，天天在我屋顶的乒乓球室同夫人打乒乓球，就尽量找打乒乓球的好处，理性地爱打乒乓球。

再后来，夫人上班的地方远了，早出晚归，没法陪我打乒乓球了，于是，我就在小区甩大臂急走，每天50分钟左右，我就尽量找急走的好处，理性地爱急走。

再后来，我的痛风病让我做了几次手术，急走困难了，我就改为游泳，而且，坚持得比较好，我就尽量地找游泳的好处，理性地爱游泳。

有人说："教授，你去爬山吧，户外的有氧运动，多好！"

我回答说："爬山固然很好，但我等老年人不太适合，特别是对我们的膝关节没有什么好处。而且，你看，狮子老虎很会跑步爬山，但是，它们最多只活 25 年。"

而陆地上的动物，除了人以外，大象活得最长，75 年左右。而我发现，水中的许多动物，只要人不吃它，它就一个劲地活下去！你看那乌龟王八，它们活得多久，"千年的王八万年的龟"！

调侃归调侃，但是，我要说的是，无论我从事什么样的体育锻炼活动，我都尽量去寻找它们的好处，并积极投入、坚持下去。

坚持这些体育活动，既强身健体，也让自己的心态得到了修炼，坚持的精神更加显现、更加阳光了。

对本职工作的爱，何尝不是如此！

无论你从事的是什么工作，都要积极面对、积极投入，尽量去找自己从事的这项工作的爱点，理性地去爱自己的本职工作。

而且，我们提倡，对本职工作的爱，不只是停留在口头上，不只是一种心态，更要转化为动力，落实到行动上；更要把对本职工作的爱，转化为敬业、转化为实干、转化为奉献。

2. 如果不爱本职工作怎么办

有一些人，对本职工作和岗位并不是"爱"的，他们可能是有多种原因在这个岗位上工作，有的是迫不得已，是不得不在这个岗位上工作；有的是发自内心不情愿。遇到这种情况，怎么才能积极面对自己并不喜欢的工作，又怎能积极投入本职工作呢？

第一，努力去爱自己所从事的工作。

"当一个人摆不平世界的时候，只有摆平自己。"很多时候，自己希望学的专业，希望从事的工作，并不都如愿。有人说，除了律师、法官、医护人员、研究机构的人员和一些学校的老师以外，很多人所学的专业与所从事的工作差别很大。而且，不少人还会在一生中多次变换工作。

我作"智商与情商"的演讲时，多次讲到，情商高的人，会有很强的适应能力。

适应，不仅仅是一种能力，也是一种心态。从不适应到基本适应，到适应，再到爱自己的工作和岗位，这样，心态就修炼得积极了、阳光了。

在适应中修炼自己的心态，正当时！

这个社会，我们要适应别人的多，如果总是强调个性、自我，这样，容易被别人、被社会抛弃！

有人说，"伟人才有真正的个性"。成了伟人，别人适应你的可能就大得多；在成为伟人之前，先学会适应社会、组织和他人吧，这就是一种积极面对的心态！

讲一个我自身的故事吧。

我的学业选择和职业选择，都不是当老师，当时，一直想当党政干部，为什么？

因为我的父母希望我长大后从政。而且，母亲认为我的嘴唇太厚，像我那行伍出身的父亲（父亲是新四军连长），认为这样会影响我当老师的口头表达能力。

所以，我第一次高考，是考的理工科，认为读理工科当老师的可能性小一些；而且主要选的是医学专业，想当医生。

但是，1977年的高考，虽然上了本科分数线，但专业有体检要求，红的绿的颜色没分清楚，还有严重的鼻炎，所以，1977年与读大学失之交臂。

第二次的1978年高考，被动地、不太情愿地选择了文科专业，考上了重庆大学为工科院校培养政治课教师的政治理论师资班，并阴差阳错地被分配到四川省自贡市委党校教书。

在自贡市委党校当教员，教政治理论课，得到了领导和学员的赞扬，我开始爱上教书、爱上了政治理论课教学。

1987年调回重庆大学工作，主要是教书、教政治理论课。这时，我的心态调整得比较好了，积极投入政治理论课教学中，努力寻找当老师教学、政治理论课教学的价值点、兴趣点,教学效果好了起来,最终获得了"全国首届百名两课优秀教师"的称号(政治理论课和思品课),并到人民大礼堂去领奖。

我从不爱教书、不爱教政治理论课,到爱教书、爱教政治理论课,再到由此取得了一定的成绩,显然,这个过程也就是我心态修炼的过程,用积极的心态去面对、去投入,最终修炼成了我在这个方面的阳光心态。

第二,如果不爱自己的专业和工作,也要做到最好。

有这样一个真实的故事:

> 一个去应聘工作的女大学生,她应聘的是工商管理的工作和岗位。但是,她所学的专业是精细化工。显然,工商管理与精细化工,相差太大、跨度太大、不太搭界。
>
> 当时,面试考官问这位应聘工商管理的女大学生:"你学精细化工专业的,为什么要来应聘工商管理工作岗位?"
>
> 这位女大学生回答说:"我不喜欢精细化工专业。"
>
> 面试考官又问:"那为什么你在大学学习精细化工的专业课门门都是A呢?"
>
> 女大学生回答道:"尽管我不喜欢,我也要做到最好!"
>
> 结果,这位应聘的女大学生被录用了。

显然,这位女大学生在对待自己不喜欢的专业时,采用了积极面对的态度,哪怕不喜欢也要学好、学到最好,这就是适应能力,这就是阳光心态。

3. 怎样让岗位爱我

2016年,我出版了一本用逆向思维写作的书,《让生活爱我》,这本书后来一再重印,成了一本比较畅销的书,也成了我写作出版的30多本书中的代表作之一,在一些微信群中,一些群友在自发地每天朗读我的这本书。

社会上广泛流行的是"我爱生活",但是,我为什么提出"让生活爱我"这个话题并写作成书呢?

我是这样考虑的:生活为什么会爱你?为什么会偏爱你呢?

第一,你要热爱生活。

生活如一面镜子，你对它笑，它就对你笑。你爱生活，生活才可能爱你。如果你都不热爱生活，生活当然就会去爱别人，而不会爱你！

你爱生活，当然要积极面对、善待生活。爱生活的好处，还要爱生活中你认为不太好的地方。

生活是诚实的、真实的，但是，有时你可能认为生活欺骗了你，给你开了一个玩笑、一个天大的玩笑，怎么办？

这时，你仍然要热爱生活，因为你没有任何理由放弃生活，不应该不爱生活，毕竟，你需要生、需要活、需要生活，你只能积极面对，必须积极面对！

当你在生活中感到绝望时，你怎样修炼、调整自己的心态呢？建议你不妨吟诵一下普希金的一首诗：《假如生活欺骗了你》，你的心态可能会好起来。

假如生活欺骗了你，

不要悲伤，不要心急！

忧郁的日子里须要镇静。

相信吧，快乐的日子将会来临！

心儿永远向往着未来；

现在却常是忧郁。

一切都是瞬息，一切都将会过去；

而那过去了的，就会成为亲切的怀恋。

普希金《假如生活欺骗了你》一诗，有多个翻译的版本，我引用的是自己喜欢并很多次吟诵的这个版本，我喜欢这首诗，对我的心态修炼有过积极作用。

第二，给生活一个爱你的理由。

《让生活爱我》是我写作出版的书名，其实，也是一个很有哲理性的命题。

不妨来一个灵魂拷问：

要让生活爱我，凭什么？我们都知道，没有无缘无故的爱，也没有无缘无故的恨。

生活，它凭什么要爱我？我有什么值得生活爱的呢？我身上有让生活爱我的爱点吗？我是一个负责任的人吗？我的能力能够胜任工作吗？我工作的业绩如何？我爱读书学习吗？我的素质素养如何？我优秀吗？我卓越吗？

如果我不能做到这些，生活凭什么爱我？我必须给生活爱我的一个理由，否则生活就会爱别人而不爱我！

同样的道理，要积极面对自己的本职工作，热爱自己的本职工作，还想方设法让自己的工作岗位爱我自己，否则，我的本职工作也不会爱我！

怎样做？努力学习，提高素质，勇于担当，提升能力，做出业绩。

4. 爱岗爱到深处要担当

爱岗爱得有多深？担当责任度量衡！

一个新动向，"担当"成了这些年的"热词"，从中央主要领导到地方领导，到一般的社会人士，几乎言必担当。

我写作出版过一本比较畅销的书《责任的担当》，"前言"部分的标题是《最美莫过担当人》。摘录"前言"的一些语句如下：

> 责任，担当才是硬道理；一个人，就是因为担当才来到人世间的；担当责任，是人之为人的起码要求；不担当责任，等于没有责任；不落实责任，再强调它的重要性也没有任何意义。

积极面对自己的本职工作，热爱自己的本职工作，重点就要放在本职工作中的"勇于担当"上，而且，特别强调担当责任。

担当分内的工作，立足本职，做好分内事。

担当应尽的义务，在做好本职工作的前提下，提倡尽量做一些义务事情。

担当，必须要对过失进行承担，不犯错、少犯错，不重复犯错，不要在同一块石头上踩两跤，也就是"不贰过"！

按习近平总书记说的去做，"有多大担当才能干多大事业，尽多大责任才会有多大成就"。

2019年，有记者采访国庆70周年"共和国勋章"获得者袁隆平院士：

"您的杂交水稻养活了全球五分之一人口，传播到30多个国家，按您合法收入,应该是世界首富,但您并不是,您怎么看?"

袁隆平院士听了,付之一笑,说了一段话:"人身上最值钱的东西并不是金钱,而是装在脑子里的知识和一颗责任心。"

袁隆平院士这段话,我在演讲中引用过几百次,对我的心态修炼起到了重要作用。

宿春礼是一位作者,他的一本关于责任的书,我读过几遍,而他在书中的这段话,我在演讲中,上千次诵读。

现在的社会并不缺少有能力的人,但每个企业真正需要的则是既有能力又富有责任感的人才。

我还把这段话,引用到我写作出版的三本书中。

我带过近 200 名硕士、博士和博士后研究生,我对他们的要求是,在学校就要养成负责任的习惯,因为毕业后走上工作岗位,领导、同事、社会更看重你的责任心,"责任比能力更重要"!

社会形成了一个共识,做成一件事情,做好本职工作,"三分能力,七分责任"!

所以,职场中的人,要积极面对本职工作和岗位,要把"爱岗"落实到"担当责任"上来。

在担当责任中修炼自己的心态,勇于担当责任的心态最阳光!

(三)敬业敬得有水平

积极面对本职工作,把"爱岗"落实到敬业上来,对职业勤奋、对事业兴奋、对专业发奋、对工作亢奋、对组织振奋。比如我对于教书、对于演讲,一旦走上讲台,就"物我两忘"。虽然只是一介"教书先生",但是,自己感到是从事了天底下最好的工作,自己认为教书是最好的职业,所以,一直会积极面对教学、演讲,"生命在演讲中绽放"!

怎样让自己的敬业有层次有水平呢?怎样在敬业中修炼自己的心态并使其阳光呢?

1. 让自己职业化起来

职场中人，你对从事各项工作要积极面对，其中一个重要的心态是：你的工作不仅仅是挣工资、养家糊口，更重要的是职业化起来。职业化是一个世界趋势，基本要求是立足本职、做好本职，具有职业化修为、职业素质素养、职业道德、职业操守，遵守职业规则，进行职业训练，符合职业要求，具有职业技能。

职业化的重点要求是专业化，所谓"闻道有先后，术业有专攻"。对自己所从事的工作执着、痴迷，成为本职工作的专家，有专长、有特长，有专业化、职业化的本领。

职业化的重中之重要求是高忠诚度，它是职业化的核心。

2. 将职业升华为事业

这是积极面对本职工作的高层次。

"我为职业痴，我为事业狂！"

具有事业心、事业心强的职场中人，层次更高，责任感更强，他会兢兢业业工作，想到的是如何贡献奉献；他在工作中，不会斤斤计较，会不折不扣地执行，去圆满地完成任务，这样的人，才是真正的爱岗敬业；他在本职工作中无怨无悔、不怨天尤人，特别好合作共事。

3. 将敬业迈向高层次

第一，敬拜。

对自己所在的机构、组织、团队，对自己所从事的本职工作，对自己的工作岗位，如同敬拜神灵一样虔诚，相信自己所从事的工作、职业、事业是神圣的。

人可以不信神，但不能不相信神圣。

认为自己从事了神圣的工作，还会不积极面对、不努力去做吗？

第二，敬重。

无论从事什么工作，首先是自己看得起自己，如同我对待自己的教书工作。

如果自己都看不起自己、看不起自己的工作，还有谁看得起自己、看得起自己的工作？哪怕自己所从事的工作很平凡。

积极面对本职工作的心态，"既敬重伟人伟业，也敬重卑微细小"，在平凡中体现价值、实现价值、体现伟大。

因为对本职工作的敬爱、敬重，才可能珍惜自己所拥有的工作岗位和工作机会。

第三，敬畏。

人是要有一定害怕之心的。

我在演讲时，几百次引用过曾国藩的名句"心存敬畏，行有所止"。在2016年我写作出版的比较畅销的书《让生活爱我》中，专门有一篇杂文，就是以这句名言为题而写的。

在工作中，要有敬畏之心。特别是当了领导干部，手中有权力的人，更是要有敬畏之心。

2021年9月1日，习近平总书记在中央党校中青年干部培训班开班式上发表重要讲话，要求党政干部："讲规矩、守底线，首先要有敬畏心。心有所畏，方能言有所戒、行有所止。干部一定要知敬畏、存戒惧、守底线，敬畏党、敬畏人民、敬畏法纪。严以修身，才能严以律己。"

敬畏心，特别要求有一定权力地位的人，"心中高悬法律的明镜，手中紧握法律的戒尺"，知晓当官的尺度。

敬畏什么？领导干部要敬畏"三线两不越"：底线、红线、高压线。要知道，做人做官要有底线；不能超越红线，高压线是不能碰的。

要知道，做人做官不越界、不越轨。

作为一名公民、一位职场中人，畏惧什么？敬畏什么？制度、法律、员工守则、公民准则、组织、团队、上级、同事、部下、家人、自己；工作失误应该有难过、内疚之心。

敬畏心也是一种阳光心态，也是一种积极面对自己的工作的心态。常怀敬畏之心，可以修炼成阳光心态。

第四，敬献。

职场中人，在工作岗位上的人，要通过自己的工作为组织、为社会，也为自己敬献价值。

一个公司、一个学校、一个医院、一个机关、一个组织，为什么要聘用我？为什么让我在这个岗位上工作？当然是希望我能为组织提供各种各样的价值。

于是，职场中人，在本职工作岗位上的积极面对，就是要勤奋努力，献出聪明才智，献出看家本领，为组织为社会创造价值、创造超额价值，最终实现自我价值。在为组织为社会创造价值中修炼阳光心态。

（四）奉献奉得有层次

奉献，会在很多方面体现出来。赠人玫瑰、手有余香，是奉献；一句问候、一个微笑、一次赞许、一个点赞，都是奉献。

在本职工作中，抑或是一个举手之劳、一句轻声细语、一个不经意的动作，都会让服务对象、让部下、让别人感到温暖甚至欣喜。

在工作中的奉献，方便了别人，提升了自己；激励了他人，也鼓舞了自己。

奉献，是源自内心小小的感恩的心，是对社会、对组织、对服务对象的感恩。常怀奉献之心的人，真正懂得人生的快乐；心怀奉献之念的人，真正懂得人生的真谛，他的心态一定阳光。

奉献精神，更是一种力量，他会让职场中人积极进取、不断努力。在奉献中修炼阳光心态，是最佳时机。当今社会，应该大力提倡奉献精神！

一则关于奉献的故事：

> 10多年前，我带领一个团队为某省某大型国有企业做企业文化方面的管理方案。方案完成后，我代表课题组向该企业的中高层管理者汇报方案的内容。
>
> 在汇报"企业精神"时，我们课题组提出的是"敬业和奉献"，

这是经过多次访谈总结提炼出来的。我们课题组认为，奉献精神是高层次的企业精神，到了"上天"的层次；而敬业是最基本的企业精神，到了"落地"的层次。我们还对"敬业和奉献"的企业精神进行了详细的释义。

但是，该公司最终还是把企业精神中的"奉献"两个字给否了。他们的理由是："敬业"，作为企业精神的倡导是很好的，每个员工都应该做到；但是，在市场经济的大潮中，大家讲的是实惠，要奉献、要无私奉献，这办得到吗？与其说办不到，不如不提为好！

当时，在汇报会上，我反复陈词，一定要提奉献精神，特别是国有企业。越是当有的人讲实惠、奉献精神比较薄弱的时候，我们越应该大力提倡，否则，这个企业、这个社会将走向何方？

记得我当时是含着眼泪反复讲必须提倡奉献的道理和意义，但遗憾的是，奉献作为该企业的企业精神之一的建议，最终还是被否了，对此，我耿耿于怀，不能释然！

后来，习近平总书记多次讲过"奉献精神"。比如，在党的二十大报告中，习近平总书记讲道："统筹推动文明培育、文明实践、文明创建，推进城乡精神文明建设融合发展，在全社会弘扬劳动精神、奋斗精神、奉献精神、创造精神、勤俭节约精神，培育时代新风新貌。"

另一则关于奉献的故事：

也是在10多年前，某市的一个厅局级机关要作一次培训，题目是"爱岗敬业与奉献精神"，但是，全市居然找不到一位讲者演讲这个题目，为什么？因为那些讲者认为，"爱岗敬业"好讲，但是，这"奉献精神"怎么讲？这个专题的演讲没有人接招！

后来，这个机关的刘书记找到我，我欣然同意去演讲，并为此专门备课。结果，这次演讲效果比较好；再后来，我在市内外以"爱岗敬业与奉献精神"为题，作了多次演讲，效果都比较好。

作为一名有层次的职场中人，一个心态阳光、积极向上的人，应该树立奉献牺牲精神！

向我们的革命志士学习，他们为了新中国的成立、为了人民大众过上幸福生活，在革命战争中牺牲了生命。很多革命烈士牺牲后，直到现在，人们还不知道他们的姓名，他们为革命胜利而牺牲，信念是坚定的，心态是阳光的！

我的父亲，新四军连长，三次受了日本侵略者的枪炮伤，差一点牺牲了，在我父亲的身上，我看到了奉献牺牲精神。

像我父亲这样的革命战士太多太多！

毛主席一生为了革命，为新中国的成立奉献了一生，而且为革命事业牺牲了六位亲人：妻子杨开慧、弟弟毛泽民、弟弟毛泽覃、儿子毛岸英、妹妹毛泽建、侄儿毛楚雄。

新中国成立后，为了社会主义建设无私奉献的人就更多了。

全国五一劳动奖章获得者、雷锋的传人郭明义是中华民族当代奉献精神的楷模；重庆的刘崇和同志获得了"全国学雷锋标兵"称号，作为重庆慈善总会志愿者总队队长的他，组织了一大批志愿者几十年如一日，坚持为社会奉献。这样的奉献者，在我们这个社会越来越多，显然，他们的心态特别阳光！

就在我们身边，我们熟知的和不知道的许多许多人，都在为了我们这个社会默默无闻地奉献牺牲。职场中人，应向他们学习，自己也具有奉献牺牲精神，就是在修炼自己的心态。

在这里，我们特别提倡，广大的职场中人，除了为社会作出一些奉献以外，还应该在本职工作中进行奉献。

只不过，职场人在工作中的奉献，不只是不计报酬，不只是做分外工作，不只是做义务的事情，怎样立足本职工作进行奉献呢？

第一，把你的聪明才智奉献给社会、组织、本职工作，爱岗敬业，这是最基本的奉献。

计报酬也是可以奉献的，为什么？

职场中的人，做本职工作，都是有报酬的、有工资收入的。

同样得到报酬收入，我们可以更加努力工作，为组织和社会提供更加有用的价值，这就是为报酬而做的奉献。

但是，不能以报酬作为讨价还价的筹码，不能用个人的知识能力对组织、对社会进行要挟。

第二，对本职工作更加勤奋努力，是一种奉献。

职场人在本职工作中的奉献，更多的是勤奋努力地工作。

勤奋的人可能奉献更多、贡献更大。

各行各业的人士，天道酬勤、功不唐捐；勤能补拙、业精于勤。

勤奋不一定都能成功，但成功的人士大都勤奋。

我党考察干部，也是以"德能勤绩廉"为标准。

有人多次问过我："您两次上中央电视台《百家讲坛》演讲，发表了上千万字的作品，作了100多个专题的几千场演讲，您是怎样成功的？"

我回答了两个字："勤奋。"还有两个字："心态。"

到现在，我是70岁的人了，还是一块未开垦的"麻将处女地"，决心此生不学打麻将。一辈子，就喜欢读书、写书、说书（演讲）。

在本职岗位上努力工作中修炼阳光心态，效果很好！

第三，用心做好每件事。

奉献一定要用心，用心是一种积极面对工作的心态。

用手做，只能是"做了"；用心做，才能保证做好，才是真正的奉献。一个职场中人，所有的事情、工作的一切，只要用心做，哪有做不好的？

如当老师之人，不能教书一辈子都还是那个样子没有提高吧？

我曾经多次为重庆大学新入职的青年教职工作入职培训的演讲，讲到重庆大学有一批讲课的高手,我们的青年教师完全可以多去听听他们的课。比如，刘老师的课内容丰富，就学过来；王教授的讲课生动活泼，就学过来；赵教授的教学幽默风趣，就学过来；周教授的教学声情并茂，就学过来；郑教授的 PPT 做得好，也学过来。集众家教学之所长，为我所用，我的教学不就很好了吗？

一颗大大的珍珠很值钱，但那毕竟只是一颗珍珠。我们如果把一颗颗珍珠用线串起来，成了珍珠项链，不是更值钱吗？

关键在于要用心！

我曾经在全国两三百家医院作过 10 多个专题的演讲。有一次，到广东某人民医院作演讲，题目是"做一名优秀的医护人员"。演讲完毕，该医院院长陪同我一起用工作餐。

席间，院长说，教授，您刚才讲了什么什么，还讲了什么什么。我感到好奇，说："院长，您记住了好多好多啊！"

院长又说："教授，您的演讲中我记住了很多，我印象最深的是这一句'做好才算做了'。"其实，我也很喜欢这一句。没有做好，就等于没有做，有时，比没有做可能更糟糕！没有做是零，而没有做好，可能是负数！

我在这里还要再加上一句："做好才算是真正的奉献。"没有做好的工作，哪里是在奉献，可能是在做与奉献相反的事情。

第四，奉献的东西必须是精品。

奉献的东西必须是"宝物""宝贝"，奉献，要有"献宝"的意识。如果是一般般的东西，你的奉献会拿不出手、不好意思献出来。

这个"宝物""宝贝"，就是有价值的东西，对组织、对社会有用的东西，而且是精品、优品甚至是极品！

在本职工作中的奉献，一定要有精品意识。

遍观社会，大排档的东西太多，精品较少。

市场竞争到一定程度，是心态的竞争、是精品的竞争，比的是精细、精致、精准、精湛、精品。

故事一则：

一段时间，国内一些人蜂拥到邻国去购买马桶盖。国内一家生产马桶盖的老总感到很奇怪：我们厂也生产马桶盖，而我们的设备也很先进，厂房也是崭新的，工人的技术也不错，为什么都到他们那里去抢购马桶盖呢？

老总到邻国生产马桶盖的厂家一考察，找到了原因，问题就出在这"精细"上。人家的每一道工序、每一个环节、每一项操作都非常精细，都是精益求精的。

在我的《部下艺术与卓越执行力》的演讲视频中，有这样的一段话。

"把每一次本职工作都当成是第一次。"因为第一次做事往往更小心谨慎，更认真负责，更加精细。我开车的驾龄不短了，2006年拿到的驾照。但是，每一次坐到驾驶台，我就提醒自己：我是第一次开车，不是"新手上路，请多关照"的问题，更多的是我要小心驾驶，如走钢丝、如履薄冰。

"把每一次本职工作都当成是最后一次。"如同我的演讲，每一次都是最后一次演讲，因为这次讲不好，下一次就没有人再邀请我去演讲了。本职工作也是如此，这一次做不好，不能认为反正还有下一次。其实不然，这一次做不好，就等于一百次做不好。因为这次做不好，领导可能就不会再给我机会了，服务对象也可能不会再给我机会了。因为这个社会有本事的人多得很，我做不好，领导会用其他做得好的人来做。

所以，每一次本职工作都必须提供精品，我的本职工作要精益求精，我要再做得更好一点点，我要追求完美！

在我的《部下艺术与卓越执行力》的演讲视频中，我还讲了一个"一点点理论"，什么意思？

一个职场中人，你可能是这个大学、那个大学毕业的；是这个教授、那个教授教出来的。但同在一个工作岗位上，同在一个平台上，谁也不比谁优秀很多。优点、缺点、弱点、卖点、亮点、爱点，也可能就是优秀那么一点点，差别差距就出来了。

链条，最脆弱的一环决定其强度。

木桶，最短的一片决定其容量。

人，性格最差的一面决定其发展。

再多的优点常毁于一个致命缺点。

好，也可能是好那么一点点，好一点点可能就上去；差，也就可能是差那么一点点，差一点点可能就下来。

奉献精神，需要有拼搏精神，"人生难得几回拼""人生难得几次搏"。

用拼搏精神去奉献，"努力到无能为力，拼搏到感动自己"，用这样的心态修炼，就很积极了，就很阳光了，就修炼到家了！

第五，有吃亏、牺牲的精神。

积极面对本职工作需要有吃亏、牺牲的精神。如果事事都只想得到好处，不愿意多付出，没有吃亏精神，哪有奉献精神可言？

特别是在一个组织、一个团队，为了团队的利益，为了大家的利益，总是有人吃亏牺牲。

我多次在演讲中讲过一个寓言故事，故事的名称叫《猎人与野狼》。

> 早些年间，还允许打猎的时候，一个猎人，扛着猎枪上山打猎，把一群野狼赶到一个山洞里面去了。
>
> 山洞的洞口很小，猎人不敢进去，如果猎人进到洞里去，就会被野狼咬伤甚至咬死。
>
> 野狼也不敢出山洞，一旦出得洞来，守在洞口的猎人就一枪一个，把野狼干掉。
>
> 于是，猎人与野狼在山洞内外呈现了一种僵持状态。
>
> 僵持到一定时间，猎人受不了了，他要去吃喝拉撒睡，如果猎人一离开，野狼就都跑掉了，猎人不就空追赶了吗？
>
> 猎人很聪明，把随身带去的野兽夹子放在山洞出入的必经洞口，就离开山洞去吃喝拉撒睡了。
>
> 一个野兽夹子怎么够用？出来一只野狼被夹住，其他的野狼不就都得救了吗？

问题是，哪一只野狼愿意出来牺牲自己救其他的野狼呢？

于是，这一群野狼在山洞里面展开了一天一夜的"学术讨论"。

第一个发言的是一只老狼，它说了："你们看我都老成了这个样子了：头发全白了，牙齿也快掉光了，腿脚也不灵便了，我能够出去受死救大家吗？我们向人类学习，要有尊老爱幼的美德！"

老狼的话音刚落，掌声就响起来："太好了！太好了！必须尊老爱幼！我是一只小狼崽，我不能出去受死救大家！"

整个狼群都一致同意，必须向人类学习，必须尊老爱幼，老狼和幼狼都不能出去受死！

第三个发言的是一只母狼，她说了："我提醒大家注意，人类不仅有尊老爱幼的美德，还注重保护妇女儿童的合法权益。你们看，我是一只什么狼？我可是一只'妇女狼'呢，我应该得到保护，不能出去受死。再说啦，我家里还有3只嗷嗷待哺的小狼崽，如果我出去受死了，我那3只小狼崽该怎么办？"

狼群里的所有狼听了母狼的话，频频点头，都觉得应该向人类学习，妇女儿童的合法权益应该得到保护！

第四个发言的是一只跛脚的狼，它说了："我也提醒大家注意，人类还致力于保护残疾人的根本利益。你们看，我是一只什么狼？我可是一只残疾狼呢！我这只残疾狼能出去受死吗？"

显然，每只狼的发言都有不出去受死的充分理由。

最后一个发言的是一只年轻的公狼，它说了："看来我是没有任何理由不出去受死救大家了，因为我不是老狼、不是幼狼、不是母狼、不是残疾狼，我年轻，我是公狼，我身强力壮，我理应出去受死救大家！"

这时，整个狼群雷鸣般的掌声响起来了，大家长长地舒了一口气："终于有狼愿意出去牺牲自己救大家了！"

这时，那只年轻的公狼又发言了："我也提醒大家注意，无论我们谁出去受死救大家，我们都要义愤填膺，我们都要替它报仇，报仇的最好方式是咬死猎人、多咬死一些猎人。但是，你们看一下你们自己，老的老、小的小、母的母、跛的跛，你们出去后，能够找猎人报仇？你们能够去咬死猎人、多咬死猎人？"

听了年轻的公狼的话，山洞里长时间地沉默。

半个月后，猎人从山洞里拖出了一群被饿死的野狼。

虽然这只是一个寓言故事，但是，这个故事给我们以什么启迪？其实，只要读了这个故事的人，都应该明白它的道理。

在我们这个社会，在一个组织里、一个团队里，必须提倡吃亏奉献牺牲精神，这种人是有的，而且越来越多，他们的心态是积极的，是阳光的。

在吃亏奉献牺牲的精神形成中修炼自己的心态，修炼阳光心态，具备吃亏奉献牺牲精神，正当时！

第四章 通过修炼去除消极心态

与积极心态、阳光心态相反的是消极心态、阴暗心态。

对于这些消极的心态，必须通过修炼阳光心态予以去除。

这些消极的、阴暗的、阴霾的心态，主要是：心不在焉、心浮气躁、心醉神迷、心灰意冷、心急火燎、心惊胆战、心事重重、心绪不宁、心猿意马、心胸狭窄、心烦意乱、心急如焚、心绪不定、心生妒忌、患得患失、自卑、懦弱、恐惧、忧郁、嫉妒、虚荣、贪婪、埋怨、仇恨、苛刻、挑剔、指责、报复、失望、绝望、满怀恨意、怨天尤人、怀才不遇、得理不饶人、自私自利、不负责任、不顾及他人、急于求成、一味攀比、恃才傲上、极不配合、好高骛远、叫苦叫累、谩骂攻击、自甘堕落、灰心失望等。

这些负面的心态、消极的心态、阴暗的心态、阴霾的心态，对个人、对别人、对组织、对家庭、对社会，有百害而无一利，通过修炼阳光心态，在很大程度上可以减轻或者去除。

一、去除阴暗的心态

阴暗的心态是与阳光心态完全相反的心态，在心理学上，叫阴暗心理。所谓知人知面不知心，人们很难通过一个人的外在表现去看清他的内心的真正想法。

有的人心里非常阴暗，有很多不光明、不健康、不积极、不阳光、不被社会大众理解与接受的想法和行为，甚至与社会主流思想和价值观、人生观、世界观背道而驰，他们的言行表现出来的是负能量的东西，不知道什么时候就会做出一些危险的事。

阴暗心态心理的人，是比较可怕的，在生活中、工作中、学习中，甚至在微信中，是不可交、不能交、不必交、不要交的人，当然就不应该也不可能成为知心朋友。

这类阴暗心理心态的人，从外表、外貌、长相是看不出来的，从他们的学历、知识、职位、地位、权力是看不出来的。但是，只要他们说一些话、写一些东西、与人一交谈，他们对人生、对别人、对自己、对社会的看法观点，马上就看出来是阳光或阴暗，是正能量还是负能量，是积极还是消极！包括在微信上，那些自己写出来而发出来的微信帖子、那些转发别人的帖子，也是能够看出来的。

所以，有人说，微信网络是一个万花筒，里面什么样的人都有。"微信见人心、帖子见心态"，这话是有道理的！

就是一些所谓的同学、同事、熟人、朋友，平时没有深交、没有深谈、没有深入交流，只是打打招呼，一般的嘻嘻哈哈说说笑笑，但是，一旦深入一点交流交谈了解，他的心理心态就能瞧出端倪。

一个社会，有阴暗心态的人不少，但是，拥有阳光心态的人更多。有太阳必有阴影。自然界的阴影并不一定就不好，天有阴晴、月有圆缺，自然现象嘛！

但是，一个人的心理阴影并不好，阴暗心理心态并不好！它会影响一个人身体健康、心理健康甚至影响一个人的成长发展，别人不喜欢也不愿意与之交往；更是会影响家人亲人，影响自己对子女的教育。试想，自己的心理心态那样的阴暗，教育出来的子女会好到哪里去？总不希望自己子孙的心理心态也是那样的阴暗吧？

第四章
通过修炼去除消极心态

这种具有阴暗心理心态的人,他们的言行看似很有道理,而且往往会披着知识、正义的外衣,极具欺骗性、传染性!因为,在社会上,正面的东西,一些人是听不进去的,传播起来也比较难;而那些负面的、阴暗的东西,往往会迎合一些人的心理!物以类聚,人以群分,阴暗心理心态的东西,与他们的志趣相投,与他们阴暗心理心态的通道是相连的!

心理心态阴暗的人,特别缺乏"共情共享",不能与主流社会相向而行,不能与主流价值观、社会的核心价值观形成共识。

比如对待社会,有的人看不到社会的主流,看不到社会的发展,看不到社会的进步,看不到社会中大多数的美好方面,而是醉心于、津津乐道于一些社会的负面信息、阴暗面的东西,因为他们自己的心理心态阴暗,他们看别人、看社会的眼神是阴暗的,所以,他们对别人、对社会的阳面正面是看不见的,或者是视而不见的,是不愿意去看的,甚至从心理上是抵触的!

在生活中,他们没有办法接受那些美好的人事物,也找不到人事物的动人、感人之处。

这类人总是看别人的、社会的短处,甚至把别人的、社会的长处也当着短处来看、来指责、来传播、来攻击,这还不完全是戴着有色眼镜看人看事看社会的问题,很重要的还是心理心态问题,个别人是心术和人品问题。

一个小伙子驾车在山路上行驶,看见对面来了一辆车,与他的车擦肩而过。只见对面驾车的姑娘从车窗探出头来,对他大叫了一声:"猪!"这个小伙子马上回敬了那位姑娘一句:"母猪!"

两车驶过,小伙子一边驾车行驶,一边自鸣得意:"我的反应力好快呀,她骂我是猪,我就骂她是母猪!"

当小伙子驾车转过弯一看,一群猪从路上缓缓通过,小伙子傻了眼,刹车来不及了,一方向盘打过去,车撞到路边的土坡上,车撞坏了,人受伤了。

其实,那位姑娘从对面开车过来与小伙子会车,是在提醒他:

"前面有猪,你要小心开车!"小伙子以为是在骂他是猪,于是就回骂了人家是母猪。

从此后,这个小伙子就反思:这个社会,好人还是居多的,不要把每个人都想得那么坏。

经过这件事,可以说,小伙子的阴暗心态也得到了一定程度的修炼,可能逐渐阳光起来了。

对人事物的不全面、不正确看法,也是由于一些阴暗的其他东西引起的。比如这个故事:

有一位老奶奶埋怨对面住着的大妈,说人家太懒散了,多年来都这样埋怨:"那个女人的衣物永远都洗不干净,你看,挂在外面庭院晾晒的衣物,总是有些斑点,我真不知道她是怎么洗衣物的!"

直到有一天,一个认识这位奶奶的先生来到她家里,老奶奶又当着来人的面数落对面的大妈,来的这位先生意识到被数落的大妈是自己的妻子,于是,这位先生拿起一块抹布,仔细擦了擦这位老奶奶窗户玻璃上的尘埃,然后对老奶奶说:"你看对面那位大妈晾晒的衣物不都是干净整洁的吗?"

原来是这位老奶奶的窗户上的玻璃脏了,一直没有擦干净。

在历史上,曹操一直是一个备受争议的人物,说他是政治家、军事家、文学家、教育家,歌颂他的人不少;但是,也有人不喜欢他,说他是一代奸雄,心术不正,比如他杀华佗、吕伯奢一家等。

当年,曹操尚未发迹,欲刺董卓不成,骑马而逃。被中牟县令陈宫抓住,陈宫义释曹操,弃官与之同逃。

后来,路遇曹操父亲的结义兄弟吕伯奢,吕伯奢让自己的家人欲杀猪款待曹操,曹操却误以为他们要杀自己,遂杀了吕伯奢的所有家人。

后来,恰遇外出沽酒回来的吕伯奢,曹操又诈杀之,并声称:"宁教我负天下人,不教天下人负我!"陈宫见了、听了,愤怒不已,没有想到曹操竟是这样一个人，愤然弃之而去。

所以，有人在评价《三国演义》中的曹操时，就认为曹操的心理心态有阴暗的一面。

多年来，网络上都有一些所谓的"键盘侠"，披着网络的皮，经常乱发一些不负责任的帖子、信息，其实，他们的心理心态是非常阴暗的、见不得阳光的！

有这种阴暗心理心态的人，在人与人的交往中，总是把别人往坏处想，对别人的优点不去看，甚至把别人的优点当问题进行讽刺、谩骂、攻击，用恶意的态度去对待别人，甚至妖魔化别人、贬低别人、中伤别人，他们不知道怎样和谐地与人相处，更不知道这个社会好人居多；他们不知道，要求别人完美，而自己却并不完美！

所以，心理心态阴暗的人，他们所看到的人事物和社会，会阳光得起来吗？可悲、可叹、可惜的是，这些阴暗心理心态的人中相当一部分，并没有感到自己的心理心态阴暗。而且，阳光是照不进他们阴暗的心里面去的，他们的心里有一堵厚厚的抵挡正能量的、抵挡阳光照射的城墙。

有人说了，斜着眼睛看世界的人，他们总认为世界是斜斜歪歪的，他们不知道是因为自己的眼睛歪歪斜斜了，从而扭曲了美好的世界。

更可悲的是，这些人还不愿意把自己阴暗的心理心态调节、修炼成阳光心态！

做一个试验：

心理心态阴暗的人，他们看玫瑰，主要看玫瑰的刺：天啦，好多刺呀！而阳光心态的人，看到的是刺中的花：哇！这些刺里有多漂亮的玫瑰花！

到了一块坟地，有人看到的是花后的死亡和坟墓；而有的人看到的是坟墓前面的花，这心理心态是很明显的！

看到一个水杯，有人说，糟了糟了，这个杯子里只有半杯水了！而有的人则说，太好了，这个杯子里还有半杯水！这样的心态是阴暗还是阳光，就

修炼阳光心态：美美与共

完全知道了！

我们说的阴暗的心理心态不好，不是说对一个人的错误缺点不去了解、不去指正、不去帮助。

我们说的阴暗心理心态不好，不是说我们只对一个社会负面、阴暗面不分青红皂白、没有是非地歌功颂德、粉饰太平、掩盖问题，不是说不能谈一个社会的问题和负面的东西。关键是，以什么样的心理心态去看去谈，以什么样的出发点去分析去对待，谈论与分析这些阴暗面、负面的东西，要达到一个什么目的，希望有什么样的结果。

看到这些社会阴暗面的东西，不是要我们失去信心，不是要我们因此去攻击社会，更不是要让社会崩溃，而是要我们分析问题、找到原因，最终解决问题，这样的心理心态就是阳光的、积极的、健康的！

曾经与重庆的一位周姓退休女大学教师交流，我们达成了以下共识：

不要认为自己看到的社会问题多、负面的东西多，就是对社会认识的深刻。这种观点那是片面的、不正确的；其实，如果一个人能多看社会的正面的东西，能用发展的眼光看社会，多看社会的主流，这也是对社会认识的深刻；而且，如果既看到了社会的一些阴暗面，看到了不少问题，又能客观地分析这些问题的原因，善意地提出一些合理化的、可行的解决问题的建议，这就是真正的"深刻"、有深度了，是深刻中的深刻、深度中的深度，这样就修炼成阳光心态了！

将负变正，将阴暗的东西转化为阳光的东西，更加难能可贵，更是阳光中的阳光心态！

一位教育工作者讲了，给学生批改作业和考试卷子打负分，也就是学生错了一道题、一个步骤，就扣多少分。于是，学生拿到作业和试卷一看：啊，又错了，又被扣了！这时的学生在心理上一直处于又错了、又被扣了的被动状态，处于输了的地位，这样，对学生的心理发育不是太好！

这位教育工作者的做法是：打正分。

比如这道题，总分是 10 分，学生错了，要被扣 7 分，但是，老师却在作业上、卷子上写的不是扣的 7 分，而是写的学生得到的 3 分。这样，学生看到的是自己得到了 3 分，又得到了 4 分，这样，学生一直处于主动的状态、一直处于得分的状态、一直处于赢了的状态，对学生的身心健康是有好处的。

怎样将自己的阴暗心态修炼成阳光心态？方法很多。

自然的方法是让自己多到户外走走，多让阳光照射到身上，多吸收阳光的热量；就是遇到阴天雨天，也要想到，乌云的背后永远都是太阳！

社会的方法是，多听、多看、多写、多读、多接收阳光的、正面的、积极的、健康的讯息，让正能量的东西进入自己的思想、大脑、心里、灵魂。要知道，心中有太阳，才会有日出。要让正能量的东西进入自己心里。

这个社会，讲正能量、阳光东西的人很多；接收正能量、阳光东西的人很多；喜欢正能量、阳光东西的人也很多。

有一年，我在重庆大学为四川省攀枝花市的政法干部作培训演讲，课间休息时，一位 30 多岁的女干部快步走到我的跟前，对我说："教授，感谢您！"

我问她："感谢我什么？"

这位女干部又说："您讲课都是讲的正能量的东西，所以要感谢您！"

我好奇地问她："难道课堂上还有人敢讲负能量的东西吗？"

她又答道："有啊！我们参加过其他的一些培训班，有的老师在课堂上就乱讲一通，让人很气愤！"

是啊，大多数人还是愿意接收正能量的东西，大多数人的心理心态并不阴暗，而是积极阳光的！

重庆有一位叫曾新的退休高级工程师，他爱读书学习，爱在微信群中朗读一些正能量的书籍。他还自费买了几十本我写作出版的书，送给那些喜欢读正能量书的人。

2024 年 1 月中旬，他发起成立了一个微信上的"读书朗读兴趣群"，作为群主，他对入群者提出的第一点要求是："正能量的人，读正能量的书、朗读正能量的作品的人，才能进入这个群！"我对曾新先生高度点赞，也欣然加入了这个微信群，时不时地朗读一些我自己的和别人的正能量的作品。

有人说，经常接收正能量的东西，经常与正能量的人进行交流，与"三观"很正的人交朋友，近朱者赤，近墨者黑。要经常与心态阳光的人交往交流，进行心理与灵魂的碰撞，会产生一种"随风潜入夜，润物细无声"的心态渐变，外界的阳光就照射到自己阴暗的心里。慢慢地，自己的心态一定会阳光起来，战胜阴暗消极的心理心态，这就是变阴暗心理心态为积极阳光心理心态修炼的重点。

心理、心态阴暗的人，要坚定心态的修炼，相信自己的心态会阳光起来。

二、去除叫苦叫累的心态

叫苦叫累的心态，当然不是阳光心态，实际上它是一种消极的心态。

有的人，在工作中、在生活中、在学习中，做了一点事就埋怨多多、有怨有悔，一味叫苦叫累，"饱也叫，饿也叫"，"苦了累了叫，不太苦不太累也叫"，总认为自己是全世界最苦最累的人。

一位领导讲了他的一位女士部下、中层干部，工作能力强，执行力强，也能做出业绩，但是，有一个坏习惯，就是爱叫苦叫累。

这位领导讲："她一再叫苦叫累，我受不了，但是我忍着。忍了一次、忍了两次、忍了三次，实在忍不住了，我就找她谈话。我充分肯定了她的工作能力和工作业绩，然后诚恳地向她建议，不要当着领导的面一味叫苦叫累。并对她说了：'革命群众的眼睛是雪亮的，领导的心中是有数的，哪些人工作能力强、哪些人业绩做得好，大家都会看在眼里。如果你不叫苦叫累，任劳任怨，大家反而更喜欢你。如果你干得好，得了正一分；但总是叫苦叫累，又得了负一分，正一分与负一分相加，就是零，不就白干了吗？'"

我倒是觉得这位领导说的话很实在，值得职场中的员工、干部悉心体味。

1. 为什么有的人总是叫苦叫累

第一，他们的工作的确很辛苦、很累，工作之时、工作之余，适当地叫一下苦和累，可能是一种压力的释放，对疲惫的身心可能有一定的放松作用。

第二，他们的工作不一定很苦很累，但是，他们的叫苦叫累，其实是希望自己的工作引起别人的注意，让别人承认自己工作的价值，从而有晋升的机会，并让自己在其他方面得到好处。

第三，有的人工作的确很苦很累，但是，他们在工作中、在公众场合、在团队里组织内，任劳任怨，不叫苦不叫累，坚持干下去。但是，他们回到家里，向自己的家人、亲人诉说自己工作的艰辛和苦累，从而求得家人、亲人的理解，得到一些心理上的慰藉，调整自己的心态，这样的叫苦叫累是可以理解的。

第四，有的人总是叫苦叫累，一味地叫苦叫累，其实是心态不积极，甚至是消极的表现，如果群体、团队和组织中经常有这样的现象出现，会传染给别人，对其他人产生一种负面的影响作用，这样的心理心态必须进行修炼调整。

2. 怎样通过修炼阳光心态去除叫苦叫累的消极心态

第一，树立正确的苦乐观，向不叫苦、不叫累努力工作的人学习。

苦和累，既有实实在在的现实，也有一定程度的心态问题，也是与谁比较的苦与累。

我很多次引用过这样的话："苦不苦，想想红军二万五；累不累，想想革命老前辈。"这既是一种苦累的比较，也是一种苦累的心理调节。

想一想吧，当年红军二万五千里长征，爬雪山、过草地，没有吃、少有穿，随时还有牺牲的可能，革命老前辈们吃了多少苦、受了多少累，才换来了我们今天的幸福生活，而我们今天工作、生活、学习中的这些苦和累与他们的苦和累比起来，算得了什么？这一比较，我们的心态就平衡了！

在社会主义建设中，在一线工作的工人、农民、军人、科学家，他们的苦和累，也有很多的感人事迹，同他们相比，我们的苦累又算得了什么？

再说了，没有他们过去、今天努力地工作和吃苦耐劳，哪有大家以后的快乐？

"宝剑锋从磨砺出，梅花香自苦寒来"，世人都知道这两句名言的意思。

而且，没有过去和现在的苦累，就没有今后的快乐；没有自己的苦累，就没有别人和自己未来的快乐幸福。

为了中华民族伟大复兴，为了让人民群众的脸上有灿烂的笑容，为了人民对美好生活的向往成为现实，我们的工作必须吃苦受累；而且，真正的阳光心态、积极心态，还要为了我们伟大的事业敢于吃苦、乐于受累，以吃苦受累为荣。

为了我们的事业和本职工作而吃苦受累，能够实现自己的价值。

有道是："没有人会随随便便地成功，也没有人会无缘无故地失败，荣耀的背后是汗水，掌声的背后是付出与坚持。"

周华健唱的一首歌《真心英雄》，有这样的歌词：

> 把握生命里的每一分钟，全力以赴我们心中的梦。不经历风雨，怎么见彩虹？没有人能随随便便成功。
> ……

歌词写得多好啊！歌唱得多好啊！

第二，自己在工作中吃苦受累了，说明我在挑重担。"学成文武艺，货与帝王家"，那是老话。而今，我既然学了、学好了知识与本领，就应该为社会、为组织出力，作出贡献。如果我在工作中吃的苦越多、受的累越大，可能说明我的贡献也越大。

我学到的这一身本领，通过吃苦受累，正好有了用武之地，正是我出力的最好时机。

我在工作中吃苦受累，说明领导和组织更加重视我，给了我很好的平台，让我得到了锻炼,是在考验我的能力、意志和心态。正如《孟子·告子下》说的:"天将降大任于是人也,必先苦其心志,劳其筋骨,饿其体肤,空乏其身……"

要知道,当今社会,还有很多人比我更苦更累,比如一些医务人员、科学家、正职领导等,这样一比较,我的心态就平衡了,还叫什么苦?叫什么累呢?

第三,就算我的工作很苦很累,我也要调整心态,在苦和累中,寻找快乐!

不止一次、不止一人这样问过我:"教授,您这样连轴转地演讲,这样辛苦地写作,您苦吗?您累吗?"

我是这样回答的:"不苦不累才怪!比如演讲,六七十岁的人了,一天六个小时站下来,第二天、第三天又是一天一天地演讲,能不苦不累吗?"

我又接着回答:"只要心不累,就不觉得累;只要心不苦,就不辛苦。苦和累,主要在心!"

确实是这样的。在演讲中,见到学员听众特别喜欢听我演讲,我何累之有、何苦之有?我写的书籍,许多读者喜欢,读了后,觉得有收获,我的心里很高兴,当然我勤奋写作时,就不感觉到苦和累了。

在工作、生活、学习和人生的苦累中,努力修炼自己的心态,变消极为积极,心态当然就逐渐阳光起来了。

三、去除怀才不遇、愤世嫉俗的心态

中华民族,泱泱大国,历史悠久,文明传承,人才辈出。

中国历史上,人才多得很,各种各样的人才,他们有才华、才能、才干、才情、才气。政界的、商界的、武界的、农界的、医界的、文学界的、艺术界的、教育界的、建筑界的、民间的、官方的、知名的、不知名的、知名后隐姓埋名的、成功的、不成功的；发挥了才能的、才能埋没没有施展的等，太多太多！

被领导量才录用、发挥了才能的，可能只是少数，大量的人才，可能平凡终老，所谓"自古高人在民间"，就是这个道理。

在中国、在全世界，古往今来，怀才不遇者也是太多太多，"遇"了的、"遇"到了的人，也只是少数，"不遇"者可能更多。

科举制度是发现人才、选贤任能的重要方式，但是，名落孙山的人才也多的是。

对于怀才不遇之人，唐朝韩愈的《马说》讲得太精辟了："世有伯乐，然后有千里马。千里马常有，而伯乐不常有。"

一个笑话而已：一位大学的院长、教授，当年申请评某个级别的"伯乐奖"，其他条件都达到了，只有一个条件没有达到：年龄！这是必备条件！必须在年满55岁的条件下才看其他条件。于是，这位申请者没有被评上！

过了几年，这位申请者年满55岁，顺利地被评上了"伯乐奖"，成了大家戏称的"曾伯乐"了。

有人提了一个问题：当年伯乐是55岁才开始相马的吗？春秋时期的人，平均寿命可能还没有55岁呢！

完全靠伯乐相马，很多千里马就被埋没了！

比如，伯乐去相马，他走的是哪一条路线？他当时没有汽车、火车、飞机可以乘坐，完全靠走路、骑马，相马的速度上不去；而且，他相马走的这一条路线，那些千里马们就幸运了，被相中的概率就大得多；而且，这位相马大师伯乐如果在一个地方经常去休闲度假、避寒避暑，那个地方的千里马们也很幸运了，被相中的可能性就大得多！

就是伯乐相中了的是千里马，人家用马之主人也不一定就用这匹千里马，他可能固执地认为这不是一匹千里马；而且，大凡千里马都是有个性的，它可能恃才傲主人，主人一不高兴，可能就把这匹千里马冷落一边，弃之不用；

或者让这匹千里马去拉磨；更有甚者，可能杀了千里马吃马肉！

千里马的命运，一切皆有可能！

故事一则：

  当年，一个主人出高价让伯乐为他相一匹千里马。

  经过三个月，伯乐千辛万苦地相了一匹千里马，拴在前面不远的沙丘的马桩上，回报主人："恭喜恭喜，相得一匹黄色的母马，从此，你有了千里马！"

  那位主人大喜过望，马上跑到马桩前去欣赏自己的千里马。

  一会儿，那位主人气喘吁吁地跑到伯乐面前，嗔怪道："你相的是什么千里马？你说是一匹黄色的母马，结果我一看，却是一匹棕色的公马，你连黄色的棕色的、公的母的都没有分清楚，你会不会相马哟？"

  伯乐听了大笑，对那位主人讲："千里马的要素是马的腿、头、嘴、牙口、跑起来的姿势动作等，我只专注这些，至于说这匹马是公的母的，是黄色的还是棕色的，那是无关紧要的！"

我多次在作关于识人、选人、用人的演讲中引用过这个故事，这也可能只是一个笑话，但是，这个故事在识才、选才、用才方面，的确给人以一些启示。

而且，许多人才的能力是潜在的、发展的、变化的，许多才能只有在使用中才能发现，才能形成更多的才能。

正由于有这样那样的诸多原因，就出现了太多太多怀才不遇的可能和现实，许多人的才能就没有平台让他们施展。

历史本如此，社会本如此！

作为人才，你能怪社会吗？你能怪历史吗？这些众多的人才，你该怎么办？是恃才傲上、愤世嫉俗、对抗社会、制造矛盾、郁郁寡欢、忧郁而死；还是隐姓埋名、归隐山林、逍遥快乐，当个隐士；还是另辟蹊径，在其他方面有所作为。

有的人，的确有些才，但是心态不好，总认为"唯我有才"，总认为自己比别人强，谁都瞧不起；总是用自己的优点比别人的缺点，恃才傲物，总认为自己没有得到重用，总是怨天尤人。有的人则不服从、不尊敬领导，在一个组织、一个团队里闹不团结，甚至制造矛盾，从而影响自己的发展进步。

中国历史上，怀才不遇的人很多，因而怀才不遇的心态不尽相同，后来人生的走向和发展、结局也大相径庭。

汉文帝时期，有一个才高八斗的人，叫贾谊，世人多谓贾谊一生怀才不遇，甚至有说他是中国历史上"怀才不遇"第一人。

贾谊曾经向汉文帝提出了很好的治国理政的方针，汉文帝对贾谊个人和他的方针赞许有加。但是，汉文帝迫于形势，不能马上大面积地实施贾谊的治国方针，因为汉文帝他要考虑全局，而且有的方针要按部就班一步一步地推进；有的治国方案则需要暂时搁置而等待实施的时机；而有的治国方案，不是一蹴而就的，是一个长期的过程，甚至需要几代人共同努力才能完成。

于是，贾谊的"众建诸侯而少其力"，在汉文帝的"无为而治"的幌子下，却在悄然地缓慢推行，部分方案的推行也失败了，直到后来的汉武帝时期才真正见成效。

但是，当时的贾谊也有许多热血青年的通病，一旦所提的建议没有被采纳，或者是缓慢采纳，就自怨自艾，俨然不理解当时上级领导的处境和不接纳、缓接纳的多种客观原因，不善通融，忧愤成疾，郁郁而终，只活了34岁。

而隋末大儒王通，也就是14岁写出好文章《滕王阁序》的王勃的祖父王通，他也是怀才不遇，但是，他的人生却是另一番景象。

王通，字仲淹，号文中子，自幼便是"神童"，隋朝时的思想家、教育家、大儒，人称"王孔子"。

王通20岁时，向隋文帝献上《太平十二策》，以求大用，推帝王之道。隋文帝大悦，但大臣们不高兴了，加上隋文帝受到其他事情的阻挡，王通知道自己的治国十二策不会被采用了，遂"作《东征之歌》而归"。

第四章
通过修炼去除消极心态

后来，王通隐居龙门之白牛溪，著书讲学，著述颇丰。特别是王通所著的 998 字的《止学》，被后人称为人生的大智慧、绝学。

王通的门生众多，且赫赫有名，比如温彦博、杜如晦、陈叔达、杜淹、房玄龄、魏征、李靖、王珪、薛收等。

可惜王通只活了 33 岁！

王通虽然也是中国历史上怀才不遇的典型，但是，他调整了心态，没有愤世嫉俗，没有怨天尤人，没有自暴自弃，没有对抗社会，而是选择归隐山林教书和写书，成就了人生的另一番事业。

中国历史上怀才不遇的名人很多，比如屈原、韩愈、李白、苏轼、辛弃疾等。

还有四位很有名的怀才不遇的古人："冯唐易老将，李广难封侯。昌龄尉冰心，颜驷郎白头"，这指的是四个古人，也是四个古代人怀才不遇的典型故事。

古时怀才不遇的东吴四大才子，命运各不相同。

第一位魏腾，很有才干，此人坚持原则、秉公执法、不畏权贵、刚直不阿，曾多次拒绝执行孙策下达的不合理的命令，令孙策非常愤怒。孙策找了一个借口下令处死魏腾，后因孙策的母亲死保，才释放了魏腾，但魏腾从此以后再也没有得到孙策的重用。

第二位沈友，吴郡的年轻俊才，幼时便被誉为神童。此人博学多才、善于辞令，没有人敢与他辩论。而且沈友喜欢军事，文章写得好，当地名士称他为"笔舌刀三妙"。孙权很赏识他的才华和发展方略。但是，沈友的为官清正严明，在官场上得罪了不少人，遭到诬陷，后得罪孙权，被孙权处死，年仅 29 岁。

第三位虞翻，到了孙策帐下，孙策对他的才华和秉忠之言非常欣赏，对他的谏言也十分重视。但到了孙权时期，正好与孙策相反，孙权对虞翻多次直谏的行为极为不满，再加上虞翻性格耿直，在工作中经常得罪人，少不了被同僚诋毁和诬告，于是，孙权便找了个由头流放了他。虞翻后来虽然重回孙权手下供职，但不久二次被流放。虞翻到了流放地，便开班讲学，再后来郁郁而终。

第四位张温，少年时便以卓绝的才华和节操闻名当地，被孙权重用，备受孙权喜爱，担任要职。张温32岁时，出使蜀汉，受到诸葛亮及蜀汉大臣的赞赏。后来，张温回到东吴后，对蜀政大加赞誉，此后，遭到了孙权的冷遇。几年后，张温郁郁而终，去世时年仅38岁。

现代社会，怀才不遇的现象很多，严格说来，有人才就可能有才之不被遇的现象。"物尽其用，人尽其才"，只是一种理想状态，是一种识人、选人、用人的目标。

在中国现代，人人都是人才，这就是所谓的"全员人才观"。但是，所有的人才中，又有重点人才、核心人才、稀缺人才之分。

作为人才自身，当然希望社会、上级领导、组织、团队能够把自己这个人才给发现、给使用好，以发挥自己的长处。

但是，众多的人才们，一旦自己处在怀才不遇之时怎么办？

还是那句老话："积极面对"，调整心态，修炼阳光心态。

一个人，如何调整可能碰到的怀才不遇的现象？

一则我在中央电视台《百家讲坛》讲过的一个故事《年轻人与老者》：

在大海边，一个年轻人朝大海的深处走去。海水淹没了他的膝盖，他继续向大海深处走。海水淹没了他的大腿，他仍然继续向大海深处走。海水淹没了他的胸口，他还是继续向大海深处走。显然，这个年轻人如果继续向大海深处走去，一定会有生命危险。

一位海边的老者见到这位年轻人的这种情况，认为这个年轻人可能要自杀，于是，对这位年轻人大喊一声："小伙子，快回来，上岸来，海水很凉，谨防感冒！"

年轻人听了老先生的话，吃了一惊，回过神来，真的转身向岸上走来。

当年轻人走到岸上后，这位老者问年轻人："小伙子，你有什么委屈的事情对我说一说，不要想不开！"

年轻人还没有说话，就先哭了起来，然后对老者说："我太委屈了！同我一起到公司工作的人，他们都被提拔了，为什么不提拔我？我的文凭、学历不比他们差，我的能力不比他们差，我的工作不比他们差，为什么？我想不通，不如一死了之！"

老者听了后，没有用什么大道理安慰这位年轻人，而是从海边捡起一粒沙子，对年轻人问道："你看这是什么？"

年轻人回答："沙子！"

老者对年轻人说："你看好了！"老者说完，把手中的沙子扔向沙滩。然后，老者对年轻人又说："小伙子，去把我刚才扔出去的沙子找回来！"

年轻人走到前面的沙滩上，他哪里能找得到老者扔出去的那一粒沙子，就对老者说："老先生，我没法找到！"

老者笑了笑，从兜里掏出一颗白白的珍珠，向海滩上一扔，对年轻人说："小伙子，去把那颗珍珠找回来！"

年轻人很快就从沙滩上把老者刚才扔出去的珍珠找了回来。

这时只见这位年轻人走向老者，弯腰鞠了一躬，说了一声："老先生，我明白了，感谢您的指点！"

是啊，当一个人自认为怀才不遇时，很委屈、怨天尤人时，怎么办？

第一，要反思一下，"三省吾身"：我自己是否真正有才，我是沙子还是珍珠？

第二，要不断地让自己有才，努力学习和实践；让自己真正有才，把自己从沙子变为珍珠。

第三，要调整自己的心态，俗话说，"是金子都会闪光"，其实也不一定。这个世界、这个地球上，不闪光的金子比闪光的要多得多，而有的金子永远都没有闪光的机会。同样，有的人才，可能只是默默无闻地做一些普通的平凡工作，不一定都能成为名人伟人，不一定都能做要事伟业。当你成为不闪光的金子时，不要自暴自弃，不要灰心失望，不能对抗社会，更不能轻生。

第四，有才者的调整心态，还在于既然自己也认为自己有才、别人也认为你有才，甚至是大才，就要把自己放得低一点，如大海一样，大海之所以能够容纳百川细流，就是因为把自己放得很低。

从前面所举的中国历史上一些怀才不遇的人才可悲的结局可以看出，是人才的人，还要处理好人际关系，包括与领导、与同事、与下属的关系，特别不能恃才傲物。不能因为自己有才，就瞧不起别人，要知道，中国的人才多得很，山外有山，人外有人，民间高手多的是！

社会之大，此不遇可以彼遇。是人才的人，如果不能走上仕途这条道，怎么办？不能认为不能当官、不能当大官，就是怀才不遇。

一个人的才，可以对社会在很多方面有用，包括在帮助别人方面。

前面讲到的李白，不能做大官了，就钟情山水，醉心写诗，不就达成了几乎无人能比的诗歌大成就吗？他的诗才千古流芳呢！

又如前面讲到的隋末的王通，他的治国十二策没有得到重用实施，于是，退后一步自然宽，他就归隐山林、著书立说、教育弟子，让门徒们很有成就。这样一来，他的才不就是"很遇""大遇"了吗？

是人才的人，还要这样调整和修炼自己的心态：要知道，中国的人才多得很，有人说："中国最缺的是人才，中国最不缺的也是人才。"君不见，当今社会，大学生也不太好就业，研究生也开始不太好找称心如意的工作了。中国真正缺乏的是什么人才？通用性的、专业性的、实用性的人才，急需的特殊人才，高精尖人才！

而且，人才们要知道，"世上没有不可替代"，不要认为自己是一个人才，离开了我，这一摊就玩不转，于是就恃才傲物。

人才们，当你要"傲"的时候，在修炼心态、调整心态的当口，不妨吟诵一下曾国藩的话："天下古今之才人，皆以一傲字致败；天下古今之庸人，皆以一惰字致败。"

而且，是人才的人，更要明白这样的道理："是才者都有短处。"

喜马拉雅山的珠穆朗玛峰之所以是世界最高峰，是因为它的旁边有大峡谷；人才们在某些方面有特长，说明他在某些方面可能有"特短"。

而且还要清楚，为社会作出贡献的人，才是真正的人才。

这样一来，人们的怀才不遇的心态就修炼好了，就阳光了！

四、去除一味攀比的心态

古往今来，拥有攀比心态的人很多，有的人攀比，有的人一味攀比，有的人甚至恶性攀比，比如，比收入、比待遇、比权力、比地位、比富裕、比房子大小、比官位高低、比长相、比成功度、比孩子的出息度，甚至有的人还比谁更懒惰而又收入高，各种怪怪的攀比。

这些攀比的人，就是不比能力、不比学习、不比读书、不比谁更努力刻苦工作，不比帮助别人，不比对社会的贡献；有的攀比的人，甚至望人穷、恨人富；有的人越比越灰心，有的人越比越嫉妒，有的人越比越怨恨，结果，要么自甘堕落、一蹶不振；有的人为了超过别人铤而走险，走上犯罪的道路，追悔莫及，结果，对自己、对家人、对社会都没有好处。

严格说来，攀比、一味攀比、恶性攀比，都是一种消极心态、阴暗心态。

一则寓言故事《两匹马》：

　　古时候，一个农夫养了两匹马，其中一匹很勤快，另一匹很懒惰。

　　一天，农夫要把粮食运到集市上去卖，便分别让两匹马各拉一辆粮车。

那匹勤快的马拉着沉重的粮车，跑在前面，跑得很欢；而后面那匹懒马总是走一会儿就停下来歇一会儿，后来，居然不想走了。

农夫以为后面的马没有什么力气，便把后面那辆马车上的粮食搬了一些到前面的马车上。

这时，后面的马因为车上的重量少了许多，便迈着轻松的步子对前面的那匹马说："你看你，很辛苦不是！使那么大的劲干吗？你要是越努力，主人就越是加重你的活、越是折磨你！你看我，现在多轻松、多舒服！"这匹懒惰的马觉得自己比那匹勤快的马更聪明，居然边走边哼起了小曲，洋洋得意起来。

前面那匹勤快的马听了后，不以为意，不去理它，依然很用力地接着拉更重的粮车，没有怨言。

那匹懒惰的马觉得自己的懒惰有好处，尝到了甜头，于是，干活就越来越懒，并且以此为荣。

过了一段时间，有一天，农夫把那匹勤快的马拴在家里，只把懒惰的马牵了出去。这时，那匹懒惰的马又嘚瑟高兴了：看看看，主人要把我牵出去遛弯了，多爽！

结果，令懒惰的马没有想到的是，主人是把这匹懒惰的马牵到了屠宰场。

回来时，那匹懒惰的马当然再也回不来了，而农夫的腰里多了一包银子。

显然，在工作中比谁偷奸耍滑，比谁又懒惰又收入高，一时半会儿可能得意，时间久了，吃亏的、失败的最终还是自己。

显然，那匹勤快的马，心态是积极的、阳光的；而那匹懒惰的马心态是消极的、不阳光的；更显然，懒惰的马的心态应该立即修炼！

有人问："生活为什么那么累？一半源于生存，一半源于攀比。"

有人又说了："适当比较，是一种动力；但是，一味攀比，可能就失去了很多乐趣，少了很多幸福，甚至可能是一场灾难。"

有一则《观景》的故事，是这样的：

> 两个同时外出散步看风景的人，由于步伐快慢不一致，落在后面的人，总想拼命加速追赶，以便先看到好风景。
>
> 走在前面的人，见后面的人在追赶，担心被后面的人超过而后看到好风景，便加快了步伐。
>
> 于是，二人都加快步伐往前赶，都把注意力集中在对方的身上，再也无暇欣赏道路两旁美好的风景了。
>
> 所以有人说："攀比、一味攀比，是一场只有起点、没有终点的竞赛。初始就烦恼，继而偏执，最后发狂，越陷越深，不能自拔。"

从上面这个故事可见，一个人一旦陷入盲目的，甚至是恶性的攀比，就难免错失许多人生的曼妙风景，忘记了自己的初心，甚至失去了自我！

怎么办？去除攀比心态，修炼阳光心态。不要让自己那么心累，找回自己应该得到的快乐和幸福，这是完全可以通过修炼心态得到的！

下面这一则故事也许就是如此。

> 在国外的一个小镇，镇上的居民总是热衷于攀比。他们总是试图比物质和社会地位来展示自己的成功，从而忽视了人与人之间的真正联系和情感，当然，幸福感就差多了。
>
> 镇上有两人，杰克和迈克，他们是邻居。杰克是一个富有的商人，拥有豪华庭院、昂贵的汽车和华丽的衣着。而迈克只是一位普通的工人，只有简单的生活和简朴的家庭。表面看，他们的物质生活简直无法比。
>
> 杰克又买了一款新车，炫耀地开进了他的庭院，故意地大声按喇叭，生怕别人不知道他又有了一辆新车；而且故意大声谈论他的新车款式和价格，希望能引起邻居们的羡慕。
>
> 不久，消息传开了，邻居们纷纷来到杰克家里参观新车，杰

克感到十分得意。

这时,迈克也听说了关于杰克新车的谈论,但他并没有被这种攀比的思维和举动所吸引,相反,他继续专注于他的工作和家庭。虽然迈克并不那么富有,也没有豪宅和新车,但是,他感到自己和家人活得很愉快轻松、活得不累、活得都很幸福,同时,还培养了与邻居们真正的友谊和和谐关系。

迈克的这种不攀比,自己经营幸福的心态和行动,慢慢地吸引了镇上的邻居们。邻居们开始与他更多地交往,觉得迈克这种平平淡淡的生活和心态才是大家更羡慕的。

也有的人,由于攀比、一味攀比、恶性攀比,不仅使自己活得很累,反而给自己建成了一个牢笼,囚禁了自己。

下面这个故事,也是外国的,但却能说明这个问题。

相传在南美洲森林,曾有一种鸟,叫翠波鸟,这种鸟体态娇小,体长不过6公分,但它们的巢穴都比身体大了几十倍。

为了找到翠波鸟体型和巢穴比例严重不符的原因,一位动物学家做了一个实验。他把一只翠波鸟捉回来后,记录下它筑巢的过程。

一开始,这只翠波鸟建了一个能容下自身大小的巢穴就没有继续了。于是这位动物学家又捉了一只回来,将它们放在同一只很大的笼子里。

后来的这只翠波鸟,马不停蹄地筑起巢来。而原来的那只翠波鸟看到别人家巢穴比自己的更大更好,也不甘示弱拼命筑起巢来。

几天后,两只翠波鸟都相继累死在笼子里。

世人也多有这种现象,攀比、一味攀比、恶性攀比的结果,大家都身心疲惫,比下来,甚至没有赢家!

在家庭教育问题上,有不少家长让孩子养成了攀比的心理和习惯,而且,有的孩子攀比心理越来越强。

一个孩子对其他孩子说:"这是我妈妈给我买的,比某某的要好一百倍!"

另一个孩子对父亲说:"爸爸,果果的爸爸刚换了新车,我们家什么时候换新车呀?"

"妈妈,为什么我只有一个书包?我的同桌就有两个书包换着背!"

不少孩子的攀比心理,是别的孩子有什么,他就要什么,而且要比别人的东西更好;别的孩子没有的东西,他更是想拥有。

这种攀比心理作祟,有的孩子从小就想要别人的东西,长大了一些,就通过不正当的手段占有别人的东西。结果,孩子长成人后,可能由此犯错犯罪!

不少家长对此感到很头痛,很无助!

有的家长为了满足孩子的攀比心理,一味地纵容孩子的攀比心理和行为,总是怕孩子在别的孩子面前低人一等,怕孩子产生匮乏感而自卑。纵容的结果是,孩子可能又产生浪费心理,不珍惜得到的东西,甚至对父母的倾情付出没有感谢、感恩心,认为是应该的!

其实,孩子的攀比心理不是天上掉下来的,也不是地下冒出来的,更不是孩子大脑中固有的,那是怎样产生的呢?

第一,父母及其他长辈的负面"榜样"力量。

第二,孩子的从众心理。

第三,孩子没有养成"付出—回报"的意识,总认为很轻易就得到了一切,缺乏感恩心。

从另外一个角度讲,孩子有"比"的心理不一定是坏事,关键是比什么?怎样比?

比如,父母教育孩子、引导孩子比学习、比读书、比帮助别人、比吃苦耐劳、比为社会作贡献,这都是正确的比,严格说来不是"攀比",这也是引导孩子从小就修炼积极的阳光心态的一种教育方法。

在工作中，如果有的人一味攀比，也是影响工作的积极性、影响自己进步的。

比如有的人，总是认为领导没有重用自己，自己是怀才不遇。认为张三比我后进入公司、学历没有自己高、能力没有自己强，为什么比我提拔得快？为什么李四的工资收入比我要高？于是总是埋怨、怨天尤人、怨气冲天，哪有心思做好本职工作？怎么可能在本职工作中做出业绩？

如何去除攀比心理心态，修炼积极的阳光心态？

第一，正确认识"比"、比较和"攀比"。

人活一世，草木一秋，不可能不比、不比较。

一个人、一个家庭、一个组织、一个团队、一个城区、一个城市、一个国家、一个民族、一段历史，哪有不比的？

人生，就是在需要比较中度过的，比，可能才有动力！

"比如""比较"，这不就是在"比"吗？

"打个比方"，不就是在"比"吗？

我们一直提倡"比学赶帮超"，不就是在"比"吗？

我对曾经指导过的硕士、博士、博士后研究生，对他们讲的课，就有比较方法；指导他们的学术研究、写学术论文、写毕业论文，也运用了比较研究方法，这不就是在"比"吗？

我们经常说"没有比较，就没有鉴别"不就是在"比"吗？

我们经常说"不怕不识货，就怕货比货"不就是在"比"吗？

我们经常说"货比三家，才能下手购买"不就是在"比"吗？

我们经常说"是骡子是马，拉出来遛遛"不就是在"比"吗？

每个季度、每一年，国家都要公布一些宏观经济数据，如 GDP、CPI、PPI、PMI、进出口总额、固定资产投资、社会商品零售总额等等，这些数据有绝对量，也有用百分比计算的相对量，其中，常用的两句话是：同比增长多少多少，环比增长多少多少。

一个人的正确比较和比较观，如果是积极的、正向的，比的结果，有利于自己的身心健康，有利于社会的发展进步，有利于自己的成长，有利于他人的身心健康，有利于和谐的环境构建，这种比较是应该提倡的。但是决不能一味攀比、恶性攀比！

第二，找到正确的"比"的方法。

要向上比，就是要向先进学习、向身边的榜样学习、向英雄学习、向优秀的人士学习、向卓越的人士学习。与他们比一比，就知道自己有哪些差距，还应该向哪些方面努力。

对优秀的人士、对别人比我强的人士，要去掉"东方式的嫉妒"，不是用不好的手段把人家搞下来，而是让自己加倍努力赶上去。

要向下比，要学会既仰视，还要俯视。向下比之后、俯视后，对自己的状态知足，知足常乐！有一个人们耳熟能详的故事：

> 古时候，一个人觉得自己很穷、穿得很破烂、吃得很差，经常吃不饱，连鞋都没有，经常是赤脚行走，他经常念叨："我太可怜了，老天爷怎么对我这样不公呢？"
>
> 有一天，赤脚人走在路上，见到一个双脚都没有了的人，拄着拐杖，很艰难地走着，但是，他满脸却是高兴的笑容。
>
> 于是，赤脚人就上去问那位没有双脚的人："你都没有了双脚，走路这么困难，为什么还这么高兴呢？"
>
> 那位没有了双脚的人对赤脚人说："我只是没有双脚，但是我还有生命，我还活着，活着多好啊！我活了一天，就要活好这一天！"赤脚人听了那位没有双脚的人的话，顿时醒悟："他的双脚都没有了，还这么乐观，我只是没有鞋穿，但是我很幸运，我有双脚呢！我比他好得多啊！"

这不，这位赤脚人的心态就平衡了，他也就把心态修炼好了！

所以，全社会形成了共识：可以比较，但不要攀比，不要一味攀比，特别不要恶性攀比！要知道攀比的结果，要么是自卑，要么是自傲；要知道，攀比是所有快乐的杀手！

中国一个大报上登了一篇文章，推荐了让人感到幸福的九个好习惯，包括"不攀比、不苛求、不依赖、不设限、不抱怨、不拖延、不虚度、不冲动、不自卑"，这九个好习惯中，排在第一个的就是不攀比！

有道是，人生的烦恼多多，都是攀比惹的祸。一个人因为攀比，会变得偏执，心态变得怪异，会越陷越深、迷失本性。

仔细想一想，有许多东西是没法比的！

古语说得好："人比人，气死人！"

所以，必须调整自己的心态，修炼自己的阳光心态，远离攀比，杜绝一味攀比，坚持不要恶性攀比。

遇到这些情况，最好的方法是让自己的心态平衡，努力寻找一个平衡点。

我在演讲中，对此问题多次讲到了"五看"体会。

第一，到贫困山区去看一看，才知道财富的可贵。现在全国整体脱贫了，没有贫困山区了，但是，少部分生活相对比较困难的人还是有的。当你去看了以后，心态也许就平衡了。

第二，到监狱里去看一看，那些服刑人员失去了人身的自由，身心都是很难受的，这样，就知道了自由的可贵、堂堂正正做人的可贵。

第三，到医院里去看一看，才知道健康的可贵。我住过七次医院，做过六次大中手术，对这一点的体会更为深刻，知道好好保重身体的重要性。

第四，到火葬场去看一看，才知道生命的可贵。一个人活着、健康地活着，比什么都重要，让有限的生命绽放光彩，多做些对社会有益的事情。到了火葬场去看了后，会悟出人生真谛：还去攀比什么呢？

第五，到成功人士的足迹旁看一看，你看到成功人士脚印中的什么了？全是水！是什么水？汗水、泪水甚至是血水！才知道没有随随便便的成功，哪一项成功不是艰苦、艰辛、艰难的？

我曾经两次应邀到香港去讲学。第二次去讲学时，演讲后，邀请我演讲的吴院长，请我到他家里去做客，他家住在太平山上。

吴院长家里的客厅较大，在一个方形的柱子上，挂了一幅画，我上前去观赏。只见画上画了三个人：一个人骑了一匹高头大马、一个人骑了一头毛驴、一个人推了一辆手推车，画得栩栩如生。

在这幅画的下方，配有一首小诗，我默默地吟起来：

　　人骑骏马我骑驴，

　　仔细想来总不如。

　　回头看见推车汉，

　　比上不足比下余。

我在这幅画和这首诗面前驻足看了好一阵子，并陷入了沉思。

后来，我把这首小诗默默地记在心里、写进书里，并多次在演讲中引用。有时候，我遇到有的事情心态不太平衡时，也时不时地把这首小诗念上一念、吟上一吟，心态就平和了。

我认为，这首小诗，就是修炼阳光心态、去除攀比心态的一剂良方呢！

名医裘法祖生前曾经为一个杂志题词："做人要知足，做事要知不足，做学问要不知足"，这三句话，我也写进了书，也在演讲中很多次引用，并推荐有志于修炼阳光心态、去除攀比心态的人，经常吟诵，并认真领会。

第五章 通过修炼心态做好压力管理

问一下自己，也问一下所有人："你有压力吗？你处于压力状态吗？你的压力多不多？你的压力大不大？知道什么是压力吗？你会不会调适压力？你会不会利用压力？你思考过这些关于压力的问题吗？"

不管别人怎样，我自己无数次回答过这些问题！

压力与压力管理

一个现象：社会上的各类人士，几乎普遍感到有压力，有不少人则是感到"压力山大"！

来自工作、生活、学习的压力，来自子女教育、家庭关系、人际关系处理的压力，来自安全责任、经济发展、就业收入的压力，来自生态环境、身体健康的压力，等等。压力如何？多重压力！

演讲中我多次讲过："责任越大，压力越大；能力越强，压力越大；业绩越好，压力越大。"

什么是压力？我的一本比较畅销的书籍《让生活爱我》中有这样的表述："压力不仅仅是别人比你努力，而且是比你'牛'几倍的人依然比你努力。"这可能只是压力表述和来源的一种。

（一）压力及其形成

认识一下压力吧！

压力，主要有三大类：生理压力、心理压力、社会压力。

压力是怎样形成的呢？一个人的压力，它们来自何方呢？很多是来自令人不愉快或烦恼的事情，还有很多很多，比如结婚、生子、新入职、履职、工作、怀孕、上台演讲、表演、责任、安全、运动员的竞技比赛、别人的说七说八、被误解、年老、被骗、疑病、攀比、育子、各种关系的处理等等。

有人总结了五大"压力源"：工作、家庭、健康、经济、社交。

其实，一个人的"压力源"是综合的、变化的，不同时期有不同的重点。

检查一下：自己压力产生的根源到底在哪里？自己的压力大小多少是跟谁在比较？其实，遍观社会，每个人都有一本难念的压力"经"；每个家庭、每个组织、每个国家、每届政府、每个民族，都有各自难念的"压力经"。就一个人而言，压力来源是多方面的：

竞争激烈，环境的要求超过其能够对付的能力，被迫以某种不喜欢的工作方式在不适应的环境里工作，在低层次、低水平的上司手下工作，在工作中受夹板气，总是受上司的指责、批评，自己错误地对待他人、工作和环境，总是感到怀才不遇，一味攀比，患得患失，家庭关系处理不顺，抚小养老的压力，等等。

最基本的压力来源于工作、生活和学习。

当正职领导的人，你看他有时坐在那儿发呆，有时也没有干什么事，但是，心理压力很大，人们常说，"哀莫大于心死"，我要说的是"压力莫大于心理"！

责任重于泰山！这"泰山"的压力，你说有多大？

人们发现，当今社会，老人们的压力很大。

这些老人越来越老，他们自己的压力也越来越大。特别是他们的心理压力，他们害怕子女不会赡养他们、是否对他们持续地真心好、害怕得病、害怕"久病床前无孝子"！

我夫人的三舅舅，是一名全国知名的画家，2023年时，103岁，非常难得。但是，他的生活质量很差，全身不舒服，不是这里有病，就是那里有病，每次看望他老人家，我们都饱含泪水，觉得他好可怜，他只是"活着而已"。2023年他曾经多次打电话给我的夫人，希望能为他找"安乐死"的地方！

2023年底，三舅舅104岁逝世了，虽然惋惜，但是，对他老人家来说，可能是一种解脱；对他的子女来说，可能是一种压力的释放！

我们都祝福老人们健康长寿，但这只是一种美好的愿望，相当多的老人，长寿但并不健康，长寿后的生活质量并不高！

而且，每一个老年人，得了病后都有压力。特别是得了如癌症这样难以治疗的疾病，压力就更大。而病人知道了自己得的是绝症，那种压力是可想而知的！

人老了，生病、生多种疾病，那是"屋漏更遭连夜雨，船迟又遇打头风"呢，是真正的"压力山大"，几乎是不可抗拒的！

这是一个自然现象、自然规律吗？是的！同时，它也是一个社会问题，一个几乎人人都要面对的大问题！

这种压力的存在，不仅仅是对子女家庭、对老人自身，更是对整个社会的压力！

有人说："人生有三大不幸，少年得志、中年丧妻、老年失子。"

许多丧偶的老人，感到很孤独、很寂寞，他们的心理压力也是很大的，这也是一个很普遍的社会问题、家庭问题、养老问题、赡养问题！

一次采访中，主持人问一位胡姓知名男演员："孤独是什么？"

胡先生回答："孤独是自由的开始。"

主持人又问："自由是什么？"

胡先生又答："自由是开始享受孤独。"

感慨：把孤独作为一种享受，这样，孤独还有什么害怕的呢？对寂寞又有什么压力呢？可是，常人哪里能做到啊！

第五章
通过修炼心态做好压力管理

有人讲，孤独可以给我们带来的是真正的心灵的自由。习惯于孤独的人，越来越喜欢这种不被打扰、只属于自己的精神世界，悠闲、自在、心情自我满足，这是一种到了一定层次的心境，也应该是阳光心态修炼到"化境"了，常人如果修炼到此，幸也福也！

电视剧《繁花》中有一句台词，完全可以用来修炼阳光心态、进行压力管理："我们不必再联系了，年纪越长，越觉得孤独是正常的。独立出生、独立去死。人和人无法相通，人间的佳恶心情态已不值一笑，人生是一次荒凉的旅行。"

人老了、孤独了、寂寞了，生活应去繁就简、返璞归真、去伪存真、心情无所羁绊，这时，你会发现，人生迎来了宁静的平安快乐。

有人说了，这种孤独并不是寂寞，而是一种心灵的觉醒，我们开始意识到自己的内心世界是如此广阔，开始意识到自己的人生是如此独一无二。在这个过程中，我们便开始学会了独处、学会了享受孤独。

瞧瞧瞧，这样的修炼，心态不就阳光了吗？

当我们老了，当我们孤独了，当我们寂寞了，也许顿悟了：这正是我们需要的一种精神世界呢！在这个貌似孤独、寂寞的世界里，我们可以自由思考、自由表达、自由感受，可以更加深刻地认识自己、了解自己，可以更加爱自己，于是，压力就没有了，会坦然地面对自己一生的悲欢离合。

于是，我们发现，老年人自己完全可以变孤独、寂寞的消极为积极，变压力为自我救赎的力量。

朗读一下、多次朗读一下作家余华在《在细雨中的呼喊》中的话语，或许对压力的缓解和心态的修炼有好处。"我不再装模作样地拥有很多朋友，而是回到了孤单之中，以真正的我开始了独自的生活。"

大学问家钱钟书说了："门外的繁华，不是我的繁华。"

门外的繁华是什么？门外的繁华三千，终会落尽！

"我"的繁华又是什么？在岁月悠悠中，感受生活的乐趣，享受生命的厚重与辽阔。

如我，虽然年届七十，已经迈入老年社会好几年了，但还有众多读者、听众知音，还有三五知已相交，品茗闲聊、笑谈古今、忘却年龄、忘掉烦恼，真是"夫复何求？此生足矣！"

网上有一句流行语："生命中曾经拥有的所有灿烂，终究，都要用寂寞来偿还。"

孤独、寂寞，是人生走向老年、暮年的常态、必经之路。这不能怨天尤人，必须学会与孤独为伴、与寂寞为伍，甚至要习惯"与病为友"。要知道，人老了，越来越老去，各种病症就多了，不要有太大的压力，没有病症的老人哪里有？此人只应天上有，那是神仙，人间难得寻几人。老年人，要学会与病症和谐相处，在病魔面前，学会缓解自己，才能缓解自己的各种压力。

其实，老年人缓解孤独与寂寞的一个重要方式，就是有人陪伴，与人聊天倾诉。

讲个故事吧：

西班牙著名画家毕加索，是一位真正的天才画家。据统计，他一生共画了37000多幅画。

晚年的毕加索，同所有老人一样，非常孤独寂寞。尽管他的身边不乏熟人朋友，但是毕加索知道，那些人与他热络，大多是冲着他的画来的，他想找一个说说闲话、唠唠嗑的人都没有。

尽管毕加索很有钱，但是，钱买不来亲情和友情；尽管他画了那么多画，但是，那些画也不可能陪他聊天。

当时，考虑到自己年逾90岁了，随时都可能离开人世，为了保护自己画作的完整性和安全性，毕加索请来一位安装工，给自己的门窗安装防盗网。于是，安装工盖内克便承担了这项工作。

这个安装工盖内克，每天在工作完休息时，就会陪毕加索聊天拉家常。

盖内克憨厚、坦率，没有什么文化，也看不懂毕加索画的那些画。那些画在盖内克眼里一钱不值，他看懂的只是手中的起子、扳手，但是，他很愿意陪毕加索聊天、唠嗑，他觉得毕加索这个老人很慈祥、很温厚，就像是自己的祖父！

没有想到，没有多少文化的安装工盖内克，和他随意地唠唠嗑，但在毕加索眼里，却是一种智慧的化身。毕加索经常睁大眼睛看着盖内克，觉得他给了自己豁然开朗的美好。这时的盖内克，在毕加索眼里，成了一尊令人眩晕的雕塑，毕加索情不自禁地拿起画笔，为盖内克画了一幅肖像。画好后，毕加索把这幅肖像画送给了盖内克，叫盖内克收藏好，今后或许有用。

盖内克接过画，看了看，把画还给了毕加索，说道："这幅画我不想要，要送，您就把厨房里的大扳手送给我吧，我觉得那个扳手对我来说更重要。"

毕加索不可思议地说道："朋友，这幅画不知道要换回多少把你需要的扳手呢！"

盖内克将信将疑地接过毕加索送的画，可心里还是想着毕加索厨房里的那个扳手。

盖内克的到来，一扫往日淤积在毕加索内心的苦闷，他找到了倾诉的对象。在盖内克面前，毕加索彻底放下了包袱，丢掉了那层包裹在身上的虚伪的面纱，他像个孩子一样与盖内克天南地北地交谈。为了能与盖内克聊天唠嗑，毕加索有意将工期一再推迟，只要能与盖内克说说笑笑，就是他最大的快乐！

其间，毕加索又陆续送给盖内克一些画。

就这样，盖内克在毕加索家里安装防盗网这样一个小小的工程，前前后后竟干了近两年。在这两年时间里，盖内克更多的是陪毕加索聊天唠唠。

不承想，这快两年与盖内克的唠嗑，竟然使毕加索的精神变得矍铄起来，气色也好多了。那些日子，毕加索又创作出更多的绘画，成为毕加索创作的又一个高峰期。

93 岁的毕加索逝世了。

盖内克照样找活干。但他一清理，毕加索竟送给他 271 幅画。

但是，盖内克一张也没有变卖毕加索送给自己的画，年老时，他把这些画全部捐献给了国家博物馆！

是啊，老来之人，既要习惯于孤独与寂寞，还要寻找方法排除孤独与寂寞，从而使自己的老年压力减缓，使自己的心态阳光起来。对此，儿孙们、整个社会，都应该助力才好！

老年人修炼自己的阳光心态尤为重要！

有道是：不要与往事过不去，不要与现实过不去，不要与自己过不去，因为人总是要过去的，那就放过自己，与自己和解。

《基督山伯爵》一书中说了，人的一生，就是两个词："等待和希望"。人再老，心不能老；人再老，不是等死，是等待解脱！哪怕活一天，也要充满希望！

年纪大了的人，要学会当老人，学会当一个慈祥的、善良的老人，学会尽量当不给儿孙以压力和不必要压力的好老人。

另一方面，作为子孙，孝敬父母长辈是自己的责任和义务，压力再大，也要尽最大努力为自己的父母长辈做一些有益的事，并尽量减轻老人们的生理压力和心理压力。

除了工作和生活、家庭、年老形成的压力以外，再就是名誉、地位、财富、权力等等给自己形成的压力。

高处不胜寒，高处空气稀薄，可能压力更大！

有一个著名的"瓦伦达心态"，也叫"瓦伦达效应"的故事，就说的是这个方面的道理。

瓦伦达是美国的一个著名的走钢丝的表演艺术家，他的表演，以精彩而稳健的高超演技闻名，获得过无数奖项、鲜花、掌声和荣誉，而且，瓦伦达的高空走钢丝的表演从来没有出过事故。

有一次，为重要的客人献技时，演技团决定派他上场，而且，演技团的领导反复给他讲这一场表演的重要性。瓦伦达也知道这一场表演的重要意义，因为看表演的都是一些知名人物。如果这一场表演成功了，不仅会给瓦伦达带来更大的名誉和丰厚的收入，还会给演技团带来前所未有的支持和利益。

因此，瓦伦达从表演的前一天开始，就一直在仔细琢磨，甚至每一个动作、每一个细节都想了很多次。

那一天，瓦伦达的表演开始了。为了达到表演更好的效果，这一次瓦伦达没有用保险绳，毕竟他许多年以来的表演都没有出过错。

但是，意想不到的事情发生了：瓦伦达表演时，走到钢索的中间，仅仅做了两个难度不大的动作之后，就从10米高的空中摔到地上，马上死了。

现场先是一片寂静，然后是一片惊叫，观众根本不敢相信这是真的，但是，事实就是这样！

瓦伦达的妻子当然悲痛欲绝。但事后，瓦伦达的妻子说了这样一番话："我知道这一次他一定要出事。因为他在出场表演前就这样不断地说：'这次表演太重要了、太重要了！不能失败，不能失败！'他一直念叨、反复地说，而以前每次他成功地表演，他总是想着走钢丝这件事本身，而不去管这件事带来的一切。"

显然，瓦伦达在这次表演前的心理压力太大，而且，演技团的领导反复强调这次表演的重要性，也加重了他的压力。

后来，心理学家们把这种为了达到一种目的总是患得患失、压力很大的心态，命名为"瓦伦达心态"。

所以，在一些大型竞技体育比赛时，运动员必须放松身心，如果心理压力太大，往往会失误多多，发挥不了应有的水平，不能取得应有的成绩。

有不少人的压力，还来自外界的舆论，是是非非、是而非之、非而是之的舆论，捕风捉影的言论，特别是一些社会名人，如果他们很在乎这些社会言语与言论，可能就背上了沉重的包袱，影响身心健康，甚至有的人可能就被这些"是而非之，非而是之"的舆论给毁了。

特别是现在的网络很发达，它既是好事，但也给一些人带来了烦恼和痛苦，带来了许多压力，比如网络暴力、"人肉搜索"，可能就侵犯了别人的隐私，干扰了别人的正常生活。网络上的东西，负面的东西，甚至是谣言性的东西，传播很快，而后来真相出来，可能就完全不是那么一回事，但是，要扭转、要转变、要消除负面影响，就太难了，这样，给当事人造成的压力就很大。

有人说了，网络上的东西，离真相越来越近，离真相也越来越远。

就是一般的平民百姓，有时也让一些闲言碎语压得喘不过气来。古语说得好，"嘴巴两张皮，说话不费力""哪有人后不说人的？"不负责碎嘴子的大有人在，凭空嚼舌根子的人也不少。

要是一个人太在意别人说什么，就增加了心理压力。

一则笑话：

> 某男一天外出在街上，听见背后有人在小声议论自己："你看那人，穿一件红衣服，太鲜艳了吧，太招惹人了！"
>
> 某男心想，穿红衣服的确不太好，于是，第二天上街，就穿了一件黄色的衣服。这时，他听见背后又有人在议论了："穿黄色衣服的人在大街上，不好吧，太刺眼了！"
>
> 某男心想，穿黄衣服的确不太好，于是，第三天上街，就穿了一件黑色的衣服。这时，他又听到背后有人议论了："瞧这人，皮肤本来就黑，再穿一件黑色的衣服，不是显得更黑了吗？"
>
> 某男心想，人家说得确实有道理，穿黑色的衣服的确不太好，于是，第四天上街就穿了一件白色的衣服。这时，背后又有人在议论了："这人皮肤这么黑，还穿一件纯白色的衣服，这是来了

一个黑白无常啊！"

　　某男心想，人家说得确实有道理，穿纯白色衣服上街的确不太好。第五天，某男又要出门上街了，这时他犯难了，穿什么颜色的上街才好呢？好像哪一种颜色别人都会说的，怎么办？最后，某男眉头一皱，计上心来，干脆，什么衣服都不穿上街去，这下总不会有人说我穿这个颜色、那个颜色的衣服不合适了吧！于是，某男赤裸着身体上街了，结果……

虽然这只是个笑话，实际生活中有没有？故事里的事，说它是它就是，不是也是；说它不是，它就不是，是也不是！只不过，太在意别人说什么，而给自己太大的压力的人和事的确是有的。

下面这个故事我在演讲中就多次引用过：

　　古时候，爷孙俩牵着一头毛驴去赶集。他们走在路上，一些路人就议论他们："瞧这爷孙俩，要多傻就有多傻，放着一头毛驴不骑，多浪费资源！"

　　爷孙俩觉得别人说得有道理，于是，爷爷就让孙子骑上毛驴，爷爷在前面牵着毛驴前行。

　　过了一会儿，有路人又说了："瞧这孩子，多没有孝心，怎么能自己骑毛驴，而让自己这么老的爷爷走路呢？"

　　爷孙俩觉得人家说得有道理，于是，换了老爷爷去骑毛驴，孙子在前面牵着毛驴行走。

　　过了一会儿，又有路人说了："瞧这老头，怎么当爷爷的，太自私了吧，居然自己坐毛驴，却让小孙子走路！"

　　爷孙俩觉得人家说得有道理，于是，让孙子也坐上了毛驴，爷孙俩都骑在毛驴上。

　　又过了一会儿，有的路人又说开了："瞧这爷孙俩的，怎么能这样呢？他们居然同时坐在毛驴身上，这毛驴也太可怜了吧，它受得了吗？"

爷孙俩一商量，觉得人家说得是很有道理的，不能都骑在毛驴身上！怎么办？最后，爷孙俩就找来一根绳子、一根扁担，将毛驴捆绑起来抬着去赶集。

其实，人生在世，不管你怎么做，不管你说什么，总会有人说三道四的，从而给一些人形成了压力，不知道怎么做才好，不知道怎么说才好。

正确的方法是什么呢？调整自己的心态，只要觉得自己做的是对的、说的是对的，没有伤害别人，没有损害社会，就不要理会别人说什么、议论什么。

"走自己的路，让别人说去吧！"但丁在《神曲·炼狱篇》第五章中是这样说的。

这些种种的压力问题，很重要的还是心理压力、心态问题，怎么办？那就修炼心态，让心态阳光起来吧！

（二）压力产生的影响

压力对一个人、一个家庭、一个组织、一个地区、一个国家会产生影响，产生重大影响。

但是，压力的影响从来都是双面的、双向的，即正面正向影响和负面负向影响。

压力的正面正向影响，主要是积极的影响、有益的影响。

就一个人而言，没有压力就会轻飘飘的，没有压力就没有多少责任感。所以，有经验的领导，会给下属派重要任务、压担子，让B类人才干A类活。压力产生动力，目标带动成长。

但是，压力的负面负向影响也是很明显的。压力太大、超过了度，会折了腰，让人承受不了。所以，要对压力进行减压、调适，要对压力进行管理。

第一，压力有积极作用，主要是适度压力的正面功能。

俗话说得好，井没压力不喷油，人没压力不上进。正常的人，是需要压力的。人们需要压力，就像生命需要阳光、空气和水一样。

压力可以提高一个人的挫折承受力和生存能力，压力能使人产生亢奋情绪、产生激情。

第二，压力有负面影响。

压力可能让一个人的情绪变得怪异，如低沉、烦躁、急躁、暴躁。

压力可能让人生病。一些知名人士，由于工作压力大，就得了抑郁症。压力可以有，但不能过度！这里的"过度"，主要在于能否承受。为什么压力使我们可能生病？

某知名医院的门诊是这样下的定义："持久的压力会刺激肾上腺分泌出皮质激素，这些激素有抑制免疫系统的作用，因而增加患病的可能性。"

患哪些病？如心脑血管系统病症、消化系统病症、内分泌系统病症、失眠症、癌症等等。

（三）怎样识别压力

我有压力吗？自己知道自己有没有压力？自己知道自己有哪些压力？其实很多人自己是知道的，别人也是看得出来的，而且是可以通过心理门诊检查出来的。

现在一些心理学机构，通过一些问答题、一些情景模拟、一些图表，可以在一定程度上测出一个人的压力情况。

我作过几十场阳光心态与压力管理的演讲，在演讲中，就用了一些图形，现场测试听众的压力情况。

比如，有一张图，上面是密密麻麻的榛子。我让学员凝心聚气注视这张图10秒钟，然后提问大家看到图中是以下哪一种现象：

第一，波涛汹涌；

第二，微波荡漾；

第三，只是一些榛子。

然后，我再来解读看到的这三种情况的不同的心理压力。

虽然这只是一种带有游戏性的压力测试，但可能在一定程度上可以反映出压力情况。

有压力并不可怕，可怕的是不能对压力进行很好的管理、不能缓解压力。

（四）压力管理与调适

面对种种压力，一个人应该怎样处理？

一种选择是迫于压力，消极应对，无可奈何，做压力的奴隶、被压力打垮。

另一种选择是积极面对，想办法减轻压力、缓解压力、释放压力、管理压力，甚至还可以自我加压，变压力为动力，做压力的主人。要做的事情是认识自我、调整自我、解放自我。

怎样正确对待压力？

第一，了解自己有没有压力。

第二，了解压力从何而来。

第三，进行必要的压力管理。

什么是压力管理？主体通过一定的方法去认知、应对并缓解由压力给承受者带来的负面影响。

压力管理的关键词是对压力进行"认知、应对、缓解"。

从个人层面看，怎样进行压力管理与调适？

1. 改变想法

你改变不了环境，但你可以改变自己；

你改变不了事实，但你可以改变态度；

你改变不了过去，但你可以改变现在；

你不能控制他人，但你可以掌握自己；

你不能预测明天，但你可以把握今天；

你不能样样顺利，但你可以事事尽心；

你不能选择容貌，但你可以展现笑容；

你不能延长生命的长度，但你可以决定命运的宽度。

2. 目标适中

每个人，一辈子都会制定多种目标，长期的、中期的、短期的。不少父母也给孩子制定了培养目标。

什么是目标？目标就是人们想完成的事，是一种未来的愿景，是使命的具体化，是预期要达到的目的，是希望要产生的结果，就是"为了什么"。

有了目标，才有努力的方向，"压力产生动力，目标带动成长"。

有人讲，目标是一个人成功的七大要素中的第一要素，目标能产生一个人的创造性张力。

目标虽然重要，但是，目标必须适中。这里的"适中"，就是既要积极向上，通过努力才能达到；但又要切合实际，要有自知之明，避免力所不及。如果目标定得太高，超过自己的能力太多，就形成了很大的压力，可能让自己承受不了，甚至把自己压垮。

在具体操作上，将目标分解，形成目标阶梯，分步骤实现目标。

在实现目标的过程中，如果觉得目标实在太难达到了，还可以转移目标，将目标做适当的调整，甚至可以对过高目标进行适当降低，比如自己职务、职称、财富等方面的成功度，对孩子培养的成才度预期，等等。

一代超过一代，那是就社会发展的总体而言，是一个趋势，但具体到某一个孩子的个体上，那就不一定如此。

3. 学会放下

为什么会有沉重的压力，因为身上有多座有形无形的"山"和"大山"，压力山大呀！

名誉呀、地位呀、财富呀、豪宅呀、豪车呀、儿孙呀，叫我怎么放得下？于是，包袱没有放下、没有减轻，压力就存在、就加重了！

故事一则：

有一位30多岁的人，觉得自己的生活压力非常大，日子过得十分沉重，想要寻找解脱的方法，便去请一位禅师帮助自己。

禅师听了这位压力很大的人倾诉后，给了他一个竹篓子让他背在身上，并指着前面一条坎坷的山路，说道："朝那条路走去，每当你走一步,就弯下身来捡一颗你自己喜欢的石子放到竹篓子里,等到竹篓子装满石子后,就来山顶找我。"说完,禅师就丢下那人,径直向山上走去。

那人按照禅师的要求,背着竹篓子朝山顶走去,一边走一边不断地往竹篓子里放捡到的自己喜欢的石子。走着走着,他背上的竹篓子装满了捡到的许多好石子,他一直走到了山顶。

等那人到了山顶,见到禅师,禅师问那人:"背上的竹篓子重不重?"那人回答说:"很重"!禅师又问:"走起来是不是感觉到越来越难受?"那人说:"是的!"

禅师又问:"你这一路可曾看到山间潺潺流水的小溪?可曾闻到路边鲜花的芬芳?可曾听到林间鸟儿如唱歌般的鸣叫?可曾感受到满目青山的厚重?"

那个背着满满一篓好石子的人说:"我一路上山,只顾捡好看的石子,没有闲心去欣赏风景。"

禅师又问那人:"那你这一路走来,自己是怎样的感受?"

那人如实地说:"我只感觉到步伐越来越沉重,身体越来越劳累。"

禅师对那人语重心长地说:"每个人来到这个世界时,都背负着一个空篓子,但是在人生的道路上,在成长中,人们会不知不觉地把自己喜欢的东西往篓子里放,每走一步就从这个世界上捡一件东西放进去,篓子越来越重,人们也因此发出了越来越累的感慨。"

那人又问:"有什么方法可以减轻人生的负担和压力吗?"

禅师又问:"你是否愿意放弃你现在拥有的一些好东西?"

那人听了长久不语。

禅师见状说道:"每个人的篓子里所装的东西,都是自己从这个世界努力辛苦寻来的心爱之物,既然选择了它们,你不愿意放弃一些，那就要对它们负责，也要承担不放弃它们的负担和压力。纵然你无法割舍篓子里的这些石子，但也就失去了欣赏你一路走来的美丽风景！"

4.学会放弃

放弃，其实是一种高境界。

箴言：一个人的高境界在于，能够做自己想做的事情，做自己喜欢做的事情；但是，一个人的更高境界还在于，自己不想做的事情就不做，其实这一步更难，它的制约因素太多。

这个世界，物质的、非物质的美好东西多得很，如果什么都想拥有，就什么都不能拥有。

而且，要珍惜自己已经拥有的东西。要想拥有新东西，可能会失去、放弃一些已经拥有的东西，能量守恒，物质守恒。

学会放弃一些东西，可能会拥有另一些东西。

所谓"退一步海阔天空，忍一时风平浪静"。随遇而安，接受现实，有时放弃也是一种积极面对，是缓解压力的重要选择。

我小时候就听说过一个故事：《宝藏之门》。

兄弟俩偶然地听到一个打开一座宝藏的咒语，只要一念咒语，宝藏门就能打开，但是，那个宝藏门只能开30秒，然后，再怎么念咒语，宝藏门也打不开了。

兄弟俩来到宝藏门前，他们念动了打开宝藏大门的咒语，果然，大门"吱呀"一声打开了。二人进得宝库，被眼前的一切惊呆了，人世间见所未见、闻所未闻的宝贝在这里几乎都有，数不胜数。弟弟顺手拿了一件宝贝赶快往门外跑，并大喊一声："哥哥，快跑！"

哥哥见了这么多宝贝，拿了一件又拿两件，拿了两件又拿三件，拿得太多了，宝贝太沉重了，压得哥哥喘不过气来，也走不动了。

这时，弟弟刚刚跑出宝藏大门，大门就吱呀一声，永远关上了，哥哥也被永远关在宝库里出不来了！

放弃一些东西，压力就小一些了，多么简单朴素的道理呀！

讲一个我经历的悟道"得舍"的故事。

2017年，我退休后，在我不对外经营的私人茶室举办了一场茶会，请成渝两地的10多位茶友在一起品茶聊天。

茶会上，我作了一场小型演讲，题目是"我的'百家讲坛'之路"，然后，茶友们交流了读书、品茶的心得体会。

茶会结束时，我向每位茶友赠送了一幅我书写的毛笔字："得舍"。

重庆"火凤凰"艺术专家蔡教授，于2023年将"得舍"两个字进行了木雕，陈列在他的"火凤凰艺术私人博物馆"里。

2023年底，在重庆大学城我的私人茶室兼"曾国平书苑"召开了"重庆曾氏宗亲会首届读书朗读会"，会后我向与会者现场书写了一幅我自己写作的小诗的毛笔字。这首小诗是：

得舍

舍得千古传，

得舍禅中禅。

得之亦舍之，

舍与得皆缘。

世人都说的是"舍得"，千百年来都是如此，我也是很赞成的。

但是，我为什么要提出"得舍"呢？不是为了标新立异、不是为了博眼球。我的理解是：舍得舍得，舍的目的是得。为什么要舍，是因为要得。没有得，他还会舍吗？

而我提的"得舍"，有何深意？

第一，是指得到了以后，还要舍。古往今来，不少人舍了后，得到了，就不再舍了！所以，得到了还要舍！

第二,"得舍"的"得",不仅仅是"得到"的"得",还有"应该"的意思,你得了,应该舍呀!

得了后还要舍,这样的境界就高得多,压力也会减小一些,心态也阳光多了!

第三,得舍的"舍",亦有宿舍、家舍、茶舍、寒舍之意,这间宿舍、家舍、茶舍、寒舍,可是"得之舍"呢!

放弃什么?放弃过去一些东西,不要老是纠结在一些过去了的东西上。虽然我们不赞成忘记历史,但是,对过去的一些不愉快的人事物,可以有意识地忘记它。学会忘记,也是一种本事。忘记了一些东西,放弃了一些东西,这样,身上的包袱就放下了,压力就小了,甚至没有了。想一想弘一法师的话:"上船不思岸上人,下船不提船上事。"

放弃什么?放弃什么都想拥有的"执念"。一如弘一法师说的:"别贪心,你不可能什么都拥有。"有的人压力太大,往往就是太贪心。但是,同时,也要记住弘一法师这句话:"别灰心,你不可能什么都没有。"有时候,担心自己什么都没有,也会徒增压力。

5."五看"体会

前面讲到的"到贫困山区去看一看,到监狱里去看一看,到医院里去看一看,到火葬场去看一看,到成功人士的足迹旁去看一看",这"五看",可能会调整好自己的心态,起到缓解压力的作用。

6.学会放松

实在觉得太紧张了,不妨适当放慢速度、放慢节奏。

具体方法是听听轻音乐,做做深呼吸、慢呼吸,进行肌肉按摩,来一些冥想发呆,抽点时间让大脑处于一片空白,旅游旅游,运动运动,跳跳舞,打打纸牌,做点自己喜欢的事情。

7.善用闲暇

给自己放一个假,特别是给心灵放假,"不妨关一天手机如何?"要知道,这个世界不可能离不开你，离了谁，地球照样转；世界上没有不可替代。

"心灵放假"后，让自己的生活丰富多彩，参加一些运动；参加一些娱乐活动；当领导的要学会放权。

8. 发泄

一个有趣的现象：女士的平均寿命为什么远远超过男士，平均超过 10 岁，看看那些跳广场舞的人，大多数是女士。

其实女士的压力并不比男士小，她们照样要工作，家务的重担大多落在女士身上，还要生孩子、教育孩子等等。

其中一个重要原因是女士在缓解压力、调节情绪方面有长处，她们的一些负面的东西都被发泄掉。这些发泄的方法主要是：

第一，哭泣。

第二，唠叨。

第三，吃零食。

第四，逛商场。

第五，烹饪。

第六，广场舞。

第七，打扮。

第八，梳头。

……

男士怎么办？怎么进行压力和情绪的发泄？

第一，适时适地适度发火，但不要失控。

第二，到空旷之地去大吼大叫。

第三，到发泄室去发泄，如摔东西、打橡皮人。

第四，写出来。

据说有一个当官的人在总统面前大发其火，说另一个人太可恶了，我想弄死他。总统对那人说："弄死别人是犯法的，我建议你写信骂他！"那人见总统都支持他写信骂人，于是便写了一封骂人的信，全世界的脏话几乎用尽了，写完信后，心里觉得舒服了。他正准备把骂人的信寄出去，总统却对他说："把信烧掉吧！"写信的人不解，问总统为什么。总统说："你不是非常恨那人吗？现已经写信骂了他，心里的气也消了，恨也解了，信，不就应该烧掉了吗？"

第五，把歌唱出来，把书读出来，把诗吟出来。

第六，找人倾诉。

9. 学会欣赏

欣赏别人，欣赏别人的事；欣赏自己，欣赏自己的事，这是缓解压力的重要方式。

一个人成熟的标志之一，就在于他所欣赏的东西越来越多，他所指责的东西越来越少。

还要学会自我欣赏、自我肯定，如：早上起来，上班前，照照镜子，欣赏一下镜子里面的自己；常换衣服；经常自我表扬；对每一个人和事都说谢谢；经常有意识地对自己和他人进行赞美，包括在微信中经常为别人点赞；"学会无条件地尊重别人"。欣赏各种艺术，听自己喜欢的演讲，欣赏幽默段子，学会自我寻找快乐。

2014年11月24日5：49，我发了这样一条微博："什么是快乐？夏日清晨的一阵凉风；久未沾油腥看到一碗红烧肉；分娩时母亲看着孩子落了地；做完手术后洗着手的外科大夫；叼着烟斗欣赏刚完成的一件作品的画家；麻将桌上刚自摸和了一把；斗地主三炸四炸又春天。当然，也应该包括我的书稿杀青……"

有太多太多的快乐，找到了它们、享受了它们，压力就缓解了！

10. 养成好习惯

最好戒烟；尽量少饮酒；戒赌；远离毒品；"色"　　　　；不

要纵欲；保证睡眠；坚持运动；营养跟上；多读书；多喝茶；学会静养。

11. 经常保持微笑

人人都会微笑，人人的微笑都是与生俱来的本领，人人都有微笑的经历，只不过，有人经常微笑，有人不爱微笑。

其实，人人都需要微笑，需要自己的微笑，需要别人的微笑。正如"古希腊三贤"之一苏格拉底说的："我们除了阳光、空气、水和笑容，我们还需要什么呢？"

脸上经常带有微笑的人，更有亲和力，大家更愿意与他接近。

特别是当领导的人，面带微笑，是一种领导艺术。有人提醒一些公司的老总是这样说的："老板老板，不要老是板着面孔；总裁总裁，不要总是裁减人。"

而且，这种微笑，必须是发自内心的，让人看到你的微笑后，会发自内心地回馈你的微笑。

面带微笑的人，他的心理压力不会大到哪里去；而且，微笑也可以缓解压力。

12. 学会分享

我非常欣赏比尔·盖茨的一个经营理念：他分享一切！如果都想独占，自己的是自己的，别人的也是自己的，这种人谁愿意与他交往？

我的父亲在世时多次对我们几个儿女说过一句话："自己吃了填屎缸，别人吃了大家香。"有什么好吃的，父亲总愿意与人分享。

父亲说不出来什么"独乐乐不如众乐乐"之类的话，但是，我从小受到父亲这些言行的感染，觉得父亲在这方面的心态特别好！

乐于分享物质、知识、精神、自己拥有的东西，会减轻自己的压力，会让自己的心态阳光起来。

我提倡，时不时地写一些原创性的小文章发到微信朋友圈中供微信朋友欣赏，这也是减轻压力的一种很好的方式。

13. 乐于助人

予人玫瑰，手留余香。

乐于助人的人，一定是心态很阳光的人。

比如做一些力所能及的慈善是最好的缓解压力的方式。做义工，也是缓解压力的重要方式。向社会奉献自己的聪明才智，也是很好的缓解压力的方式，因为你的奉献精神会感动别人，得到别人的赞扬，甚至会感动自己。

14. 保持童心

特别是老来之人，以及一些成功人士，他们的压力往往会比一般的人大一些。建议这些人，来点"童心未泯"，抽空和小孩一起玩一下游戏；来点不切实际的异想天开；犯点小孩子一样的可笑的低级小错。

"什么是小孩，就是犯小错误的孩子；什么是大人，就是犯大错误的人；什么是老人，就是老是犯错误的人。"这只是一种调侃，但是，一个人如果来点小孩子的天真，对自己的压力缓解可能是有一定好处的。

15. 学会与各种各样的人愉快地相处

在一个人认识的人中，会有各种各样的人，地位高低不同的、财富多少不同的、性格内向和外向的、诚实的和虚伪的、老的、少的、懂得道理的、不讲道理的、心态阳光的、心态阴暗的、熟悉的、陌生的、亲人家人、同事同学等等。俗话说得好，"人上一百，形形色色"。你不可能要求每个人都同你一样，都是你自己这样的人。你同这些不同的人和谐相处，这是一种能力，是一种素养，也是需要阳光心态的。同时，与他们和谐相处，会给你带来许多快乐，也可能缓解你的心理压力。

16. 经常保持幽默感

在我写作出版的一本已经绝版了的书《幽默的故事与技巧》中，讲到了要做一个有趣的人，做一个灵魂有趣的人，那就多一点幽默吧，那就多一些风趣吧，它会缓解一个人的压力的。

17. 处乱不惊

一个人，一生会遇到大大小小的风险、危险甚至是危机，这些风险、危险和危机，会给一个哪怕是再正常不过的人，带来一定的心理压力，会影响一个人的身心、影响一个人的工作、影响一个人事业的成功度。

怎么办？通过修炼阳光心态，修炼到"处乱不惊"的心理状态，按照曾国藩所说所做的："每临大事有静气。"按照毛主席说的："不管风吹浪打，胜似闲庭信步。"

18. 学会宽恕他人

宽容胜过百万兵：宽容是典型的阳光心态。

宽容了别人，就是放过了自己，就是释放了自己，它是处理人际关系的法宝，它是一种高情商的表现，能够在很大程度上缓解自己的心理压力。

19. 有几个知心朋友

俗话说，人生难得一知己，懂我知音最难觅。

讲一个人们耳熟能详的故事：

> 古代的俞伯牙抚琴，遇到了知音钟子期，他的琴越弹越好；后来，钟子期病逝了，俞伯牙抚琴再也没有知音了，于是，他把琴摔了，再不弹琴了。

一个人，特别是一个有一定层次、有一定文化知识和素质素养的人，他的演讲、他的作品、他的歌唱、他的绘画、他的微信中的文章等等，遇到了知音、知己，有人懂他，难能可贵，这是他人生的幸运幸福，他能在知音知己面前，身心放松，压力缓解。

人啦，努力交上几个知心朋友、几个懂自己的人，其实也不容易，可遇不可求，缘分呢！人生难得一知己呢！

20. 与别人良善合作

"这个人很好合作！""这个人不好合作！"我们经常听到有人这样评价一些人。

与人合作、与人很好地合作，是一个人情商高的表现，是一个人心态阳光的表现。在合作中，可以找到快乐，可以实现自己的价值，可以缓解自己的压力。

有人甚至这样讲：能够很好地与别人合作的人，可以上天堂；不愿意与别人合作、不好合作的人，他可能要下地狱。

我在演讲中，多次讲过一个《天堂与地狱》的故事：

> 古时候，有一个男士对一位禅师说："你成天说天堂啊，地狱呀，这世上哪有天堂？哪有地狱？"
>
> 禅师听了，没有正面回答他，笑了笑，对那个男士说："我带你去看一下，就知道天堂在哪里，地狱在哪里了。"
>
> 于是，禅师牵着那位男士的手来到一间屋子。只见那间屋子的中央有一口大锅，锅里冒着热气，煮着很多好吃的食物。
>
> 许多人围坐在大锅周围，每个人手中都拿着一个长柄勺子，就是吃不到锅里的食物，一个个都在骂娘，喊着饿！为什么呢？因为勺子的柄太长了，虽然大家都能够从锅里舀到食物，但是，就是到不了自己的嘴边，看得到、舀得到，就是吃不到。
>
> 禅师对那位走在一起的男士说："你看看，这就是地狱！"
>
> 禅师又把那位男士领到另一间屋子，屋子的中央也有一口大锅，锅里也冒着热气，也煮着很多好吃的食物。许多人围坐在大锅周围，每个人手中也都拿着一个长柄勺子，但是，每个人都高高兴兴地吃着锅里的食物，吃得香喷喷的。这又是为什么呢？只见他们每个人把食物从锅里舀起来，送到别人的嘴边让别人吃；别人也同样舀起食物给另外的人吃，结果，大家都吃到了锅里的食物。
>
> 这时，禅师对那位男士说："这就是天堂！"

对于缓解压力来说，对于修炼阳光心态来说，合作合作，还是合作！

21. 保持高度自信

在本书的前面部分，我详细地论述过阳光心态与自信心，对未来充满希望。我在这里谈缓解压力、对压力进行管理时，再一次讲到要有自信心。这里主要讲的是，对自己缓解压力要有自信心，要始终认为，没有缓解不了的压力，只有不愿意缓解的人，只有想不到的办法，只有不愿意使用这些办法。对缓解压力，要充满自信！

22. 尊重弱者

在人生的长河中，自己可能是弱者，也可能是强者。要坚信，没有永恒的弱者，没有永远的强者，不是说"咸鱼也是可以翻身"的吗？

今天自己很强势，比别人强势，但是，明天就不一定了，强弱也是可能转化的。就算你一辈子都比人家强，你的儿孙不一定比人家的儿孙强；就算你儿孙比他的儿孙强，但是，谁又能保证你的十代八代后的子子孙孙都比人家强呢？

所以，处于强势的人，不要瞧不起弱势的人，不要以自己的强势给人家压力，要尊重弱者。给人家压力，其实也是在给自己压力。

尊重弱者的心态特别阳光，也能够缓解自己的压力。

23. 偶尔"放纵"一下自己

所谓"老夫聊发少年狂"，这实际上是释放自己的心理压力，不要一直把工作、生活、学习的弦绷得太紧，否则，这根弦会断的。

当然，这里的"放纵"是有底线的、有红线的，不越界、不越轨，在法律、道德和不损害社会与别人利益的前提下"放纵"，比如偶尔小醉一下，也无不可！

24. 不要财迷

财迷的人，心理压力是很大的，因为他们眼睛中可能只有金钱，信奉的是"金钱拜物教"，钻进"孔方兄"的钱眼中出不来，他们可能成了金钱的奴隶。

以下是国外的一个笑话：

一位幽默大师到餐馆去就餐，当他用餐完毕结账时，不是从衣兜里掏钱，而是从脚板下的鞋子里拿钱来结账。其他人见了，很是好奇，问这位幽默大师何故？大师说："平时受够了金钱对我的压迫，今天，我要把金钱踩到脚下，我要压迫它！"

这个故事虽然只是一个笑话，但是，它却给人们以深刻的思考。

不能让金钱压得我们喘不过气来。

李白的《将进酒》中有名句"天生我材必有用，千金散尽还复来"。

其实，这千金也好，万银也罢，复不复来都不是最重要的，最重要的是，"复不复来，有没有千金万银"，都要有一个好的心态，不做金钱的奴隶，不被金钱压垮。就是很多人自我调侃说的："钱嘛，多就多用，少就少用，够基本生活就满足了！"

25. 培养一个信仰

常言道："生命本身毫无意义，除非有了信仰！"

常言道："信仰的力量是无穷的！"

常言道："没有信仰的人最可怕！"

有信仰的人，才有追求，才有理想，才有寄托，才有丰富的精神世界，他们也许会有一些压力，但在信仰的力量下缓解、减轻，不会被压力摧毁压垮。

当年，革命志士为了新中国的事业抛头颅、洒热血、牺牲自己的生命，为什么？因为他们有共产主义的信仰，有远大的理想！

26. 做有兴趣的事情

成为一个有兴趣的人，做有兴趣的事，如旅游、听轻音乐、垂钓、帮助别人等等。兴趣不仅是最好的老师，也是生活幸福的调味品，是压力的缓解器。

在做有兴趣的事中，忘记工作、生活与学习的烦恼，缓解自己的各种压力。

27. 有意识放慢生活节奏

为什么有的人压力很大，其中一个重要的原因是工作和生活的节奏太快，没有时间来缓解与调适自己紧张的情绪，没有可能缓解自己的压力，没有可能享受生活的快乐。

怎么办？有时需要一点慢生活，在不影响大局的情况下，有意识地放慢工作、生活与学习的节奏，让身心放松、得到修复。

28. 与人推心置腹交流或倾诉，不妨做点白日美梦

在知心朋友、知己的人面前，在懂你的人面前，摘掉面具，大家都成为真实的人，说点大话，甚至吹点大牛皮、侃点大山，这样，有些压力也许可以得以释放、缓解。

不妨来点幻想、梦想，做点白日美梦，让自己成为幻想中的强者，维护自信心。

29. 树立正确的名利权力观

名、利、权力、地位，人人都觉得它们是好东西，人人都想得到。通过正当的手段去追求，得到后，更能体现自己的价值，会受到社会的尊敬尊重，对社会的贡献更大、奉献更多。

但是，同时又不要太在意，一个人到老了以后，回过头看，这些东西都是过眼云烟，"繁华三千，看淡即是云烟；烦恼无数，想开就是晴天"。当然，特别不要用不正当的手段去追求与获取，不要陷进去后不能自拔，否则，压力会很大，会把自己压垮，毁掉自己！

为什么"压力山大"？是因为身上背负了太多的东西，有的东西完全可以"放下"，甚至"放弃"，可以"清零"、格式化。

一个水杯的故事就是如此：

一次演讲中，演讲者向听众讲述了正确对待压力的方法。

只见演讲者举起一杯水，问听众："你们猜一猜，这杯水有多重？"结果，听众猜的重量从20克到50克都有。

演讲者又问："你们说，我举这个杯子有压力吗？"

听众纷纷摇头，说了："这杯水不重，您举这杯水应该没有

什么压力！"

演讲者说："你们说得对，这杯水并不重！"

接下来，演讲者请一位听众上台来，让他端起这杯水，问这位听众："重吗？举得动吗？有压力吗？"

这位听众先摇头，再点头，然后又摇头，还说："不重，举得动，没有压力。"

接下来，演讲者大声对其他听众说："大家看好了，我让他一直举着这杯水，看结果怎么样？"

一会儿过去了，那位举水杯的听众受不了了，到后来，举不起来了！

这时，演讲者说了："同样是并不重的这杯水，举一分钟、十分钟可能没有问题，但是，让你举上一小时、一天不放下，这个水杯本来不太重，可能会变得越来越重，会让你完全受不了！"

演讲者接着说："如果我们总是将各种压力扛在肩上，哪怕这种压力不太重，但是，时间久了，这种压力会越来越大、越来越重，早晚有一天，会把我们压垮。"

演讲者又接着说："怎么办？正确的做法是两个字：'放下'，放下水杯，休息一下，以便再次举起水杯！"

我有一位很要好的朋友，他的压力很大，他缓解压力的方式是读名著《西游记》。我听了后感到不解，但是，这朋友对我说："《西游记》中的唐僧师徒四人和白龙马，去西天取经，历经九九八十一难，每一难几乎都有灭顶之灾，他们的压力别说有多大，太大了！但是，他们却克服了千难万险，终于到了西天取到了真经，多励志、鼓舞人！"

另一位朋友与我一起听了后，则说了这样一段话："我的压力太大了，自己承受不了时，就想想人家孙悟空，在如来佛的五指山下压了500年，那是多大的压力、多长时间的压力，但孙悟空坚持下来了、熬过来了，终于有了出头之日。我的压力没有孙悟空大、没有孙悟空的时间长吧？我怕什么？"

这两位朋友的想法虽然很奇特，但都感染了我！

有一位朋友则说："当我觉得自己的压力大了时，我就唱一首歌，叫它一嗓，好像就释放了。"

我问这位朋友，那你在压力大时最爱唱的是什么歌呢？这位朋友说："我比较喜欢的、经常唱的是这一首《蜗牛与黄鹂鸟》。"

其实，我也比较喜欢这首歌，它的歌词有几句，我特别喜欢：

阿门阿前一棵葡萄树，

阿嫩阿嫩绿地刚发芽，

蜗牛背着那重重的壳呀，

一步一步地往上爬。

阿树阿上两只黄鹂鸟，

阿嘻阿嘻哈哈在笑它，

葡萄成熟还早得很哪，

现在上来干什么。

阿黄阿黄鹂儿不要笑，

等我爬上它就成熟了。

想一想，仔细地想一想，人家蜗牛"背着那重重的壳"，一生都背着，压力多大呀，但是蜗牛却不怕压力，仍然"一步一步地往上爬"，一直爬到葡萄成熟。

蜗牛的心态就很好，我们人类，也可以向蜗牛学习呢！

缓解压力，进行压力管理，我认为，最重要的方法有三个：

第一，修炼阳光心态。

第二，提高情商。

第三，幽默风趣。

第六章 努力提高情商素养（上）

无论从哪个角度讲，一个人的情商素养都必须提高，当然，从修炼阳光心态的角度讲，从缓解压力的角度讲，提高情商就更是重中之重的方法了。

一、掀起情商盖头来

我是 1999 年在重庆大学作公开讲座时，第一次作了关于智商情商的演讲。

记得当时容纳 200 多人的重庆大学国际会议厅不仅座无虚席，而且会议厅的过道上、地上都是听众。会议厅外面还有几百人想进会场，但是进不了，后来出动了保安把会场外面的听众劝散了。

为什么这场讲座这么火爆？这不完全是我的演讲水平有多高，而是大学生们对"情商"这个词感到很新鲜，当时很多人从未听说过；再有，我当年是院长、教授，一直以很正统的形象著称，不少人想啊，曾院长怎么今天讲起"谈情说爱"的情商来了？

2005 年 9 月 13 日，我在中央电视台《百家讲坛》栏目第二次作演讲时，连续讲了"智商与情商"这个专题。后来，在全国作了数百场关于智商情商的演讲。记得有一次在某省作公开演讲，对象是诸多家长，题目是"培养高情商的孩子"，演讲前，在会场门口，我听见两位年纪较大的老人有这样一番对话：

"张大爷，您去干什么？"一位老奶奶问。

那位大爷回答说："我去听一位教授讲培养孩子的情商。"

那位老奶奶感到很惊讶："什么什么，情商？哎呀呀，现在的世道真的变了，那么小的孩子，就教他们恋爱谈朋友？"

这不，那位老奶奶也认为情商是男欢女爱的谈情说爱，其实，在社会上，有这种想法的人还真不少！

谈恋爱肯定需要情商，但是，情商不等于谈恋爱！

再后来，我写了6本关于智商情商的书籍，还发布了3套关于智商情商的演讲视频，并继续作智商情商方面的演讲。

什么是情商呢？

先讲一个"鞋带"的故事，让大家了解一下情商吧。

有一位表演大师上场表演前，他的弟子告诉他，他的鞋带松了，大师点头致谢，蹲下来仔细系好。

一会儿，等到弟子转身后，大师又蹲下来将自己的鞋带松开。

有一个旁观者见到这一切，不解地问："大师，刚才您将鞋带系紧，怎么现在又将鞋带松开呢？"

大师听后，笑着回答道："因为我上台表演，饰演的角色是一位劳累的旅行者，而这位经过长途跋涉的人，鞋带松开了，这样的表演，可以通过这个细节表现他的劳累憔悴，让我的表演显得更加真实。"

那个旁观者又问："大师，那你为什么不把这个情况直接告诉你的弟子呢？"

大师又回答说："我的那位弟子能够细心地发现我的鞋带松了，他的这种热情和积极性，应该及时地给予鼓励。至于我后来为什么要等我的弟子走开后将鞋带解开，一是为了我的表演，二是不至于使我的弟子难堪，而且今后我还可以把松开鞋带表演的技巧教给我的弟子。"

从上面这个故事看出，这位表演大师的做法，就是一种高情商素养的表现，主要是他身为表演大师，能为别人着想。

有时候，为别人着想了，也是在为自己着想，可能自己也会受益，这就是一种高情商的表现。

有一个盲人，他在走夜路时，手里总是提着一盏照明的灯笼。人们很好奇，就问他："你自己什么都看不见，为什么还要提着点亮了的灯笼夜行呢？"

盲人说："我夜行提着灯笼，自己的确看不见，但是，可以为别人照亮前行的路；同时，别人也容易看到我，这样，既帮助了别人，又保护了自己。"

学会换位思考，为别人着想，也是一种高情商的表现。

笑话一则：

一头猪、一只绵羊、一头奶牛，被牧人关在同一个畜栏里。

有一天，牧人将猪从畜栏里捉了出去，只听这头猪大声嚎叫，强烈反抗。

这时，绵羊和奶牛特别讨厌猪的嚎叫，对猪大声说："我们经常被牧人捉出去，都没有像你这样大呼小叫的，烦死了！"

猪听了回应道："牧人捉你们与捉我完全是两回事，牧人捉你们，只是剪你的毛和要你们的乳汁，但是，牧人捉我出去，却是要我的命呢！"

在这里，我丝毫不是要说猪、绵羊和奶牛谁的情商高，而是要说换位思考的道理。

这些故事就是情商吗？是也，非也！说故事里的人和事是情商，那是指的"大情商"，说这些人和事不完全是情商，主要指的是情商的本意并不完全是这些。

什么是情商？首先看情商的"情"是什么。

台湾女作家琼瑶有这样的歌词："问世间情为何物，直教人生死相许。看人间多少故事，最销魂梅花三弄。"

其实，"问世间情为何物"这个名句，是金朝元好问的原创。

借用之：问情商之情为何物？主要是指情绪、情感、心情、心态。

1990年美国的两位心理学家彼得·沙洛维和约翰·迈耶提出了"情商"一词，他们当时指的是情感智商。后来有了情商的著作，这时情商的本意是从心理学角度提出的情绪情感问题，所以，上面讲的那些替别人着想、换位思考的故事，不完全是情绪情感问题，所以叫"大情商"。

情商是指情绪商数、情绪智慧、情绪智商、情绪智力、情绪智能等等。

演讲家余世维先生认为，情商就是指一个人对环境、情绪的掌控能力和对团队关系的运作能力，是指一个人的激情、信心以及领导团队的能力，也是一种热情。

一般讲，情商是一种非智力因素。

情商主要是指信心、恒心、毅力、忍耐、直觉、抗挫力、合作等一系列与个人素质有关的反应程度，主要是心理素质。

情商主要反映一个人认知、感知、感受、感觉、察觉、控制、驾驭、管理、约束、理解、表达、展现、传导、感染、宣泄、发泄、转移、移入、调节、调整、调动、激发自己和他人情绪情感的能力，以及把握和处理自己与他人之间的情感关系的能力。

情商最核心的东西是情绪和情感，情绪占据了人类精神世界的核心地位。情绪的产生，是在脑皮层和皮层下组织协同活动的结果，泛指任何激越或兴奋的心理状态。

人的情绪有几百种之多。我国的七情六欲中的"七情"是指：喜、怒、哀、惧、爱、恶、欲。

我国著名心理学家林传鼎先生把情绪分为18类：安静、喜悦、愤怒、哀怜、悲痛、忧愁、愤急、烦闷、恐惧、惊骇、恭敬、抚爱、憎恶、贪欲、嫉妒、傲慢、惭愧、耻辱。

西方有的学者认为人有7种基本情绪：愤怒、恐惧、快乐、喜爱、惊奇、厌恶、羞耻。

现代心理学一般把情绪分为快乐、愤怒、悲哀和恐惧四种基本形式，并分为心境、激情和应激三种状态。

大情商能力扩展了，包括对情绪情感的认知、感知，感受、感觉，控制、驾驭，管理、约束，理解、表达，传导、感染，宣泄、发泄，转移、移入，调节、调整，调动、激发。

我认为，情商的体现主要有"三突出"。

第一，突出的"自我"。

自我觉知、自我意识、自我激励、自我期待、自我适应、自我控制、自我管理、自我调节、自树信心、自我约束、自我修炼、自我超越。

第二，突出的要求。

善与人交流、富有上进心、富有合作心、富有自觉心、富有同理心、富有同情心、富有关爱心、富有感恩心、富有宽容心、富有责任心、富有欣赏心。

第三，突出的表现。

心态好、能为人、会处事、好合作。

情商，还是一种素质、一种素养、一种能力。

一般讲情商主要有五大能力。

第一，认识自身情绪的能力。

有人管它叫情绪觉知。它是一种直觉自知力，就是在情绪方面有自知之明。主要是一个人对自己情绪的认知能力，或者叫作自我意识。它是情商的首要基础。

自我情绪意识，表示个体对自己身心状态的认知、体察和监控。而身心状态中，最重要的就是情绪。

所谓自我情绪意识，就是指注意力不因外界或自身情绪的干扰而迷失、夸大或产生过度反应，反而在情绪纷扰中保持良好的心态和自省的能力。

如果你和你的妻子吵架了，把气愤的情绪带到了工作中来，让工作受到负面影响；你在工作中压力太大了，受委屈了，把气愤的情绪带回了家，向家人发泄。这些都是没有能很好地认知自己的情绪，都是心态不太好的表现。

古人讲的"吾日三省吾身""反躬自省"，就是讲的自我认知，包括自我认知心情、情绪、情感。

高情商的人、心态好的人，会认知到自己的异常情绪，重新评估这件事，决定是否抛弃这件不愉快的事，换上轻松的心情。

第二，妥善管理情绪的能力。

也叫情绪控制力、理解平衡能力，它是控制情绪冲动、情绪波动、情绪化、情绪偏激的能力，控制消极情绪的能力。

管理情绪的能力，是情商的核心。

人们常说，一匹受惊的马可以把训练它多年的主人摔伤，只有文明的人类才会在异常暴怒时做到面不改色，甚至默不作声。

事业常毁于急躁。有人说："上帝要想谁灭亡，必先使他发狂。"

急躁似乎同快节奏的现代生活相联系，其实这完全是两回事。

急躁使人心绪不宁、头脑容易发热、控制不住情绪，其结果经常把本来十分简单易办的事情人为地变得复杂和难以处理。

所以，要加强对情绪的管理，这是修炼阳光心态的重要方面。

第三，自我激励的能力。

这是情商的推动力。一个积极面对未来的人，要激励自己积极向上，而不是消沉。一些学生毕业时要我赠送临别赠言，我一般都是这样的题词："不要消沉，永远上进。"

其实，每个人都应该永远上进，不要消沉，自我激励进取，所谓上进心强，就是如此。

情商高的人是不会消沉的，更不会自杀的，他会对未来充满希望，他会不断自我激励，奋发向上。

善于运用自我激励方法激发自己的兴趣、热情、干劲和信心，摆脱消极影响，对于一个人获得成功至关重要。

第四，认识他人情绪的能力。

苏东坡曾说过："人之难知，江海不足以喻其深，山谷不足以配其险，浮云不足以比其变。"

尽管人难知，还是要知才行，知人才能善任。认识他人的情绪，在知人中体现你的情商；用你的情商更好地知人。

要揣摩、察觉他人的情绪情感。要感知、感觉他人的情绪情感。

认识他人情绪情感的目的是什么？

一是不易伤害他人。就是我们常说的"顾左右而言他"。

二是能更好地协同合作。了解他人的情绪，才有可能更好地合作。

当一个陌生人直接地向你走过来，并很近地靠过来，你会本能地向后退，因为你不了解他，你就有不安全感。

当一个很熟悉的人直面向你走过来，并很近地靠过来，你会本能地靠拢过去，伸出手去紧握，还可能紧紧地与他拥抱，因为你了解他，你有安全感。

认识他人的情绪情感，是认识一个人、熟悉一个人最重要的方面，也是人与人合作的重要基础。

三是最终左右或驾驭他人的情绪。如果能真正认识和了解这个人的内心，就会感到更安全，那就是心心相印了。这样，实现合作的可能性就很大，而且会可持续地合作。

四是知人才能善任。

第五，人际关系的处理能力。

这主要是沟通协调能力。要不时地传递和捕捉他人的情绪和感情信号，洞察他人的内心感情，将心比心，这样，就便于沟通。

有研究表明，沟通人与人之间的情感，根本说来，就是要处理好人际关系。情商高的人会把人际关系处理得很好。

除了这五大能力以外，情商能力还体现为以下这些能力。

应变能力、合作能力、协调能力、沟通能力、适应能力、乐观自信力等等。

二、情商的价值和意义

美国一个知名杂志的一篇文章说了："如果你不懂情商，从现在起，我们宣布，你落伍了。"谁愿意落伍？那你就提高情商吧！

我在《百家讲坛》讲了："智商诚可贵，情商价更高。"

社会形成了共识：情商具有决定性作用，决定什么？决定一个人的成功，决定一个社会、一个组织、一个家庭的和谐，决定一个人的发展和命运。

习近平总书记讲情商了。

2013年5月14日，习近平总书记在天津和高校毕业生、失业人员等座谈时，问村官杨代显"情商重要还是智商重要？"杨代显回答"都重要"。习近平说，做实际工作情商很重要，更多需要的是做群众工作和解决问题能力，也就是适应社会能力。老话说，万贯家财不如薄技在身，情商当然要与专业知识和技能结合。

某省公选办2008年11月18日在报纸上登了一篇文章，其中有这样一段话："公选干部，既考察个人能力，更注重情商。考察智商，也就是如何干事，还要考察情商，也就是如何做人。"

关于情商的价值和意义，我有过这样的论述：

1. 智商不是成功的唯一因素

智商虽然是一个人成功的极为重要的因素，但影响一个人一生的，更多的是性格、价值观、人生观和世界观，以及耐心、信心、毅力、情绪、情感等特质。

情商，这种人的非智力因素，给智商不太高的人展现了成功的希望，开启了成功的又一道希望之门。

在智商外多了个情商，为成功另辟蹊径。

在我的书中，曾经引用过一个软糖实验：

> 1960年，著名心理学家瓦尔特·米歇尔进行了一个软糖实验。
>
> 在斯坦福大学附属幼儿园选择了一群4岁的幼儿，这些幼儿多数是斯坦福大学教职员工及研究生的子女。
>
> 老师让这些幼儿进入一个大厅，在每一位幼儿面前放一块软糖，并对孩子们说："老师出去一会儿，如果你能在老师回来之前还没有把自己面前的软糖吃掉，老师回来后就再奖励你一块。如果你没有等到老师回来就把软糖吃掉了，你就只能得到你面前的这一块。"
>
> 在十几分钟的等待中，有些孩子缺乏控制能力，禁不住软糖甜蜜的诱惑，把软糖吃掉了；而有的孩子却不吃，尽量坚持下来了，得到了两块糖。
>
> 他们是以什么方式坚持下来的呢？有的孩子把头放在手臂上，闭上眼睛，不去看那诱人的软糖；有的孩子自言自语、唱歌、玩弄自己的手脚；有的孩子努力让自己睡着。
>
> 研究者还对接受这次实验的孩子进行了长期跟踪调查。
>
> 中学时对他们的评估是：4岁时能够耐心等待的人在校大都表现优异，入学考试成绩普遍比较好。而那些控制不住自己，提前吃软糖的人，大都表现相对较差。
>
> 进入社会后，那些只得到一块软糖的孩子普遍不如得到两块软糖的孩子取得的成绩大。

这项并不神秘的实验，使人们意识到对智力在人生成就方面所起的作用估价有些偏高，认为还应该有其他的因素在起重要作用。

2."情商决定命运"

美国学者克里·摩斯所著的书《情商是决定个人命运的最关键因素》中，把情商的作用提到很高的地位。

应该说，情商在很大程度上决定人的命运。

《红楼梦》中的林黛玉，是一个很有意思的人物，有的人喜欢她得不得了，好多地方模仿她、向她学，甚至把自己比作林黛玉；也有的人非常同情她，有的人则是哀其不幸。甚至有人把智商与情商问题与她个人的命运联系起来进行分析。

《红楼梦》中描写的林黛玉很聪明，诗文做得很好，人又长得很漂亮。《红楼梦》第二回中就描写为"年方五岁""生得聪明俊秀"；第三回写她是"年纪虽小，其举止言谈不俗""有一段风流态度"；林黛玉第一次来到大观园，王熙凤一见到她，也称赞她的美貌："天下真有这样标致人儿，我今日才算看见了"；贾宝玉一见到林黛玉，似曾相识，忍不住直叫"神仙似的妹妹"。

有人说，林黛玉有娇花照水之貌、弱柳扶风之姿、聪明绝顶、诗才超群，可谓女子中的"极品"。

但是，人们发现，在《红楼梦》里，只要一写到林黛玉，就是与消极、悲切、哭泣、埋怨连在一起的，后来，林黛玉身体不行、恋爱不幸，一朵好花过早凋谢。

你看，《红楼梦》第二十六回写的是："（黛玉）越想越觉伤感，便也不顾苍苔露冷，花径风寒，独立墙角边花阴之下，悲悲切切，呜咽起来。"《红楼梦》第二十七回写的是："那黛玉倚着床栏杆，两手抱着膝，眼睛含着泪，好似木雕泥塑的一般，直坐到二更天方才睡去。"

林黛玉写的《葬花吟》，很有文学品位。她以花喻人，把自己比作到处飘零的花。《葬花吟》26行，361个字，行行凄楚、句句悲伤。

第一行："花谢花飞花满天，红消香断有谁怜？"

中间一行："一年三百六十日，风刀霜剑严相逼。"

最后一行："一朝春尽红颜老，花落人亡两不知！"

这《葬花吟》，以花喻人，字里行间、句句都有的是情绪低落，非常伤感。

《红楼梦》第四十五回林黛玉的《秋窗风雨夕》，四句话有六个"秋"字，但也是句句伤感："秋花惨淡秋草黄，耿耿秋灯秋夜长。已觉秋窗秋不尽，那堪风雨助凄凉！"

《红楼梦》第七十回林黛玉写的《唐多令》一词：

"粉堕百花洲，香残燕子楼。一团团、逐队成球。飘泊亦如人命薄，空缱绻，说风流。草木也知愁，韶华竟白头。叹今生、谁舍谁收！嫁与东风春不管，凭尔去，忍淹留！"

好一句"嫁与东风春不管"，它给人的印象不仅仅是林黛玉的伤感伤怀，还有林黛玉的埋怨多多的心态、无可奈何的心态。

虽然从客观上讲，林黛玉最亲近的外婆、舅母和表嫂们合谋用调包计毁了她的幸福，她的情绪情感受到极大的影响；但是，林黛玉自己也是有责任和原因的，特别是在情绪情感方面，心态的原因十分明显。

上面这些对林黛玉的描写和她写的诗，都反映了林黛玉很糟糕的心境，她认为环境太差，整个大观园甚至全世界所有人都对不起她，她真是消极到家了，她并没有很好地调整自己的心态。

非常漂亮而且智商特别高的林黛玉，没有得到应有的成功，反而早早地离开人世。

她的"情敌"薛宝钗却不同。

《红楼梦》第七十回：薛宝钗吟的诗《临江仙》也说花到处飘，但她却是这样写的："好风凭借力，送我上青云。"从薛宝钗的这些诗句看，这是一种积极向上，催人奋进的境界。

虽然社会上对"钗、黛"的评价不同，有不少人不太同意对"钗、黛"智商情商的看法，但是，关于林黛玉和薛宝钗在智商、情商方面的看法，也算是一种观点吧。

如果林黛玉能够客观地看到，事实已经是这样了，没有办法挽回了，就调整一下自己的情绪，给自己一个阳光心态，从极度伤感和埋怨中解脱出来，她的命运也许不会是小说中那样的结局。

其实，古代社会小说中的人物、实实在在的人物，在智商和情商方面的例子是很多的。

人们对现代社会的另一些现象也进行了观察和反思。

古代社会和现代社会都有一些神童，神童应该是有可能获得成功、大大成功的人。但是，事实并非如此，神童不等于成功，不等于长大后就一定成功。

现代社会，也出现了不少神童。而且，现代社会的儿童，一代比一代更聪明，他们的智力、他们的知识面、他们学习知识的能力，越来越强，真有"长江后浪推前浪，一代新人胜旧人"之状。

要是在50年前，现在的儿童们几乎都是"神童"。

在20世纪20年代，美国有心理学家对1528名智商在151分以上的智力超常的儿童进行了跟踪研究，其中只有一小部分成就很大，大部分成就平平。

我国也有一所重点高校办了"少年大学生班"（所谓的"神童"班），30多年过去了，有不少"神童"并没有像人们想象的那样长大后很有出息，这是为什么？

专家们认为，神童们的发展，也有卓越者与平庸者之分。

美国有的人分析了"神童"中的卓越者与平庸者的区别，发现他们的智商都非常高，没有太大的差别，但在完成任务的坚毅精神、自信而有进取心、谨慎、好胜心四个方面，成就很大的神童明显超出成就平平的神童。而不少神童，他们智力超群，但在自理能力、人际关系、承受压力、个人性格、心情心态等方面，可能就有一些弱点，这样，影响了他们可能的成功。

在这里，我们不是说神童不好，不是要社会去歧视神童，多一些神童应该是好事。问题在于要加大对神童们情商方面的培养，加大心态方面的修炼，使他们获得成功、获得更大的成功、获得持续的成功。

高智商的人能够成大器，但不是所有高智商的人都能成大器。

美国有人曾经对 95 名哈佛大学的毕业生进行追踪，结果发现，那些大学生里考试成绩最高者，在以后的收入、成就、行业地位等方面并不一定都比成绩低的人更好。同时，在生活满意度、友情、家庭以及爱情上也不见得都更理想。

原因是什么？一部分高智商的学生，虽然很聪明，但是，他们还有另一面，比如：

性格孤僻、怪异、不易合作；自卑、脆弱，不能面对挫折；急躁、固执、自负，情绪不稳定；冷漠、易怒、神经质，难与周围人沟通；以我为中心，什么都只是"我""我""我"，不考虑他人，不顾及他人，不关心他人，只要人家围着自己转。

有的大专家，智商特别高，做科研课题是一把好手，也有一定名气，但是，就是不能与人很好地合作，对人苛刻、挑剔，不能原谅人、不能宽容人，人们对他只能是敬而远之、敬而畏之，到后来，成为"孤家寡人"，他的团队成不了大气候。

智商不太高的人不等于没有发展的机会。

智商偏弱甚至低智商的儿童是可以得到发展的，但一般不是靠医学可以解决的，主要是靠社会给他们一次又一次的机会，主要的方法还是教育与自我教育、修炼与自我修炼。

要教育，对智商高和不高的人都要加强教育，这个道理大家都知道。关键在于是什么样的教育，是不是适合、适当、适时、适宜的教育。

成大器的也不一定都是高智商的人，关键在于还要进行其他方面的教育和心态方面的修炼。

有不少人，智力并不太出众，甚至大家认为他可能是低智商的，但后来却成就了事业，大获成功。

威灵顿的成功就是一个很好的例证。

英国著名将领兼政治家威灵顿,小时候,连他的母亲都认为他是低能儿。他几乎是学校里最差的学生,别人都说他迟钝、呆笨又懒散,好像他什么都不行。他没有什么特长,想都没有想过要参军入伍,在父母和教师眼里,他的刻苦和毅力是唯一可取的优点。但是在他46岁时,他打败了当时世界上除他以外最伟大的将军拿破仑。

其实,这并不是一个个案,虽然并不是每个人都能像威灵顿那样成为名将,但这种情况是具有普遍性的。

有人认为,一个人大学本科所学的知识,真正能应用到企业、机关、学校、医院的只有5%~10%。在一个企业、一个单位,领导、同事和自己,已经很少提及当年读书的学校、专业和成绩,更多的是你的现实表现;当年读书的学校、专业和成绩,并不是不重要,应该是很重要的,它是基础,但是,它却是为现实表现服务的。

美国有位记者,后来改行专门研究企业管理。一次同学会时,他发现当时在班上成绩平平的,后来反而有很多人获得了成功;而当时成绩好、智商高的,后来也有不少人成就平平。他又让人了解其他班级,也是如此。于是,他认为,智力水平高低不是成功的决定性因素。

由此,他得出了这样的结论:一个人成功的要素中,智商只占到20%。还有80%是什么呢?他在苦苦寻找。他发现,是情商!是心态心情,是情绪情感!情商是一个特别重要的原因。也就是说,智商再高,情商不高,不一定能成功,不一定能持续地成功;智商不太高,但情商较高,更有可能成功。

1995年美国哈佛大学的一位教授在他的一本书《情绪智力——情商比智商更重要》中,把这个问题给基本上说明了。

在书中,他提出了一个让人不得不承认而又令人十分担忧的全球化的普遍趋势:现代儿童比较孤单、忧郁、易怒、任性,容易紧张、焦虑、冲动以及好斗。

这样的后代怎么能让我们放心？特别是有人联想到了自己的孩子，惊呼道："怎么写的是我家那个小孩子！"

这种现象和趋势当然使世人震惊，受到世人的高度关注。人们越来越认为情商对成功和取胜的作用超过了智商。

《情绪智力——情商比智商更重要》的作者还指出：真正决定一个人成功与否的关键，是情商能力而不是智商能力。

英国的比尔·里卡多认为："在许多情况下，非智力因素的作用比智力因素的作用更重要，人的成功80%是情商的作用，智商只有20%的作用。"

于是，就有了所谓"智商诚可贵，情商价更高"之说。

美国一家很有名的研究机构调查了188家公司，测试了每家公司的高级主管的智商和情商与工作表现之间的联系，结果发现，情商的影响力是智商的9倍。智商差一点的人如果拥有更高的情商指数，也一样能成功。

未来的社会是高速发展的社会，人们将遇到快节奏的生活、高频率高负荷的工作、复杂的人际关系、严峻的就业形势、越来越激烈的竞争，人们的心理压力会越来越大，加上天灾人祸，还有纷纭繁杂的社会，只有高智商显然力不从心了，还必须有高情商，才能适应社会、应对自如，才能为社会作出应有的贡献。

作为个人而言，高情商的人才能自我管理、自我调节，避免盲目冲动，摆脱忧郁焦虑；才能百折不挠、走出困境、获得成功。

人们普遍认识到，家长们都在盼子成龙、望女成凤，非常关切孩子们的聪明度，注重培养他们的智商，努力使孩子学业有成，这是可以理解的，是无可厚非的。与此同时，还要特别注意孩子的情绪和情感，注重孩子情商的培养和提高。

各类学校，是智育教育的殿堂，智育课程更多，这也是对的，但是，我们建议，无论是哪一种类型的学校，都应该加强情商的教育，就是有的教师充分认识到的：学知识更要学会做人，教知识更要教会做人。

我们的企业、机关、部队、医院，对我们的员工、对我们的医护人员、对我们的干部战士，何尝不是如此呢？

3. "搭乘情商列车，成就非凡事业"

现在比较流行的说法是，情商主宰人生，情商决定人的心态是否阳光，情商成了决定个人命运的最关键因素，是影响个人成功和幸福的最重要的因素。

（1）是事业发展的根本因素

情商之所以更能影响人们的事业能否成功，最根本的是什么？

第一，坚定的信念。人们生活在希望之中，对未来充满希望。人们有坚定的信念，坚信自己能成功、坚信企业能发展，从而最大限度地激发人的进取精神。没有进取精神，哪里还谈得上如何去进取。

第二，适应性强。包括适应制度、体制、价值观、文化、环境、团队以及他人。适应性强，才可能把自己融入一个团队，才可能发挥出团队的效能。

第三，顾全大局。这样，才能站在公司、组织、社会、整体的层面考虑问题，而不是只考虑自己。

第四，合作精神强。情商高使一个人的合作精神强，团队合作，实现双赢、多赢、共赢。

第五，充分利用情绪情感成就事业。

我们一讲到情商时，有的人就只是讲控制情绪、管理情感、约束情绪情感、驾驭情绪情感，这也是对的，但是，不能把情绪情感只是当作洪水猛兽，好像它有百害而无一利似的。

其实，我们讲情商、情感、成就、事业，一方面是讲要实施有效的努力，通过控制与管理一个人的情绪情感，避免情绪化和感情用事；另一方面，也是更重要的一个方面，要充分利用情绪情感有利的一方面。如同水一样，可以是水患、水害、水殇，也可以是水利、水益、水好；可以是水火无情，也可以是水火情深。

可以通过提高情商，使自己每天都有一个快乐的好心情，去面对生活、面对工作、面对学习、面对困难、面对竞争、面对压力。

可以通过提高情商，营造一个良好的情绪氛围，使自己生活在一个快乐的世界里，愉快地工作。

领导者可以运用情商领导力，调动部下努力工作的情绪，调动他们的主动性、积极性和创造性。

美国有一位总统曾经这样说："你能调动情绪，就能调动一切。"

（2）是改善人际关系的重要手段

能有效地处理人际关系是一个人、一个社会极其重要的方面，是一个领导者成功的重要方面。领导力大师卡内基曾说过："一个企业领导是否成功，专业知识只占到15%，还有85%是他的人际关系处理能力和领导能力。"

怎样处理和改善人际关系？方法是很多的，情商就是一个重要方面。良好的情绪情感、运用良好的情绪情感，就有助于改善人际关系，包括改善上下级之间、同事之间、商家厂家与客户之间、师生之间、同学之间、家庭里各成员之间的关系。

巧妙地运用情绪情感，将有助于增进一个人与别人的交流，用情绪情感来说服他人、安慰他人、激励他人，使自己通过情绪情感获得的人际效应转化为社会效益和经济效益。

不少企业推行的人性化管理，在很大程度上就是这种。

人际关系最重要的特点是具有情感的基础。人与人之间的亲近与疏远、合作与竞争、友好与敌对，都是心理上的距离远近的表现形式，都具有情感色彩。我们经常讲的"好感""反感""恶感"，就是这个道理。

相互的认同，通过沟通来完成，情感相融，沟通更能成功。

酒逢知己千杯少，话不投机半句多，这中间，也是个情感问题。

没有不能跨越的卡夫丁峡谷，没有改善不了的人际关系。

关键在于如何把情绪情感很好地运用到人际关系的处理中，运用到人际的沟通协调中。

其实，家庭成员的关系中，最核心的是夫妻关系。家庭的和睦与否，最根本的还是一个"情"字。

怎一个"情"字了得。

要在家庭婚恋中不断地注入"情"的"源头活水"，情爱情爱，情能生爱，有情才有爱；反过来，有了爱，又能生情，这就叫爱情。

这是一位台湾朋友讲的一个案例，我这里演绎一下：

> 有一位丈夫在天一亮，当妻子一睁开眼睛就对妻子说："我爱你。"妻子听了，对丈夫说："去去去，肉麻。"
>
> 第二天，天一亮，妻子一睁开眼睛，丈夫又对妻子说："我爱你。"妻子第二天听了没有说"去去去，肉麻"的话了，而是把手放在丈夫的额头上，问道："没有生病吧？"
>
> 第三天，天一亮，妻子一睁开眼睛，丈夫又对妻子说："我爱你。"妻子第三天听了，对丈夫说了一句话："你好像有点烦。"
>
> 第四天，天一亮，妻子一睁开眼睛，丈夫又对妻子说："我爱你。"妻子第四天听了连连对丈夫说了几个相同的字："好好好，好了好了，好了啦，晓得啦。"
>
> 第五天，天一亮，妻子一睁开眼睛，丈夫又对妻子说："我爱你。"妻子第五天听了，既没有说"肉麻""你有病""有点烦"，也没有说"好了啦"，妻子对准丈夫的额头亲了一下，温柔地对丈夫说："老公，我也爱你。"

爱是可以相互传递的，情是可以相互传染的。夫妻本来就应该是这样的。显然，丈夫调动双方的情绪，注入了浓浓的情感，激发了妻子的情绪情感，相互传递了爱和情。

有一句古话叫："两情若是久长时，又岂在朝朝暮暮。"

我要改一下的是："两情若是久长时，也可在朝朝暮暮"。

所以，我们提倡，将爱进行到底，将情进行到底，将情爱进行到底，将爱情进行到底。这些做到了，才更有助于将事业进行到底。

这就是修炼阳光心态的举措呢！

在一个企业里，我们习惯上叫老总为"企业家"，虽然它们是有区别的，但是人们就这样叫了。

广义的"企业家"，一是一般就把它同老总等同了；二是确切地讲是具有企业家素质和能力以及做出相当业绩的企业老总；三是指企业的管理层，一个班子；四是指整个企业，即所谓企业家、企业家，企业是一个家。如同我们前面讲到的家庭里要注入浓浓的情感一样，企业里、企业这个"家"也要有情，有爱，更要用情商来处理好企业里的各种关系。

（3）促进管理获得更大的成功

情商在管理中是非常重要的手段和方法，也是一个艺术，特别是对人力资源的管理。

对人的管理与对物的管理是根本不同的。人有自然属性，更有社会属性，人是有感情的高级动物。有不少管理者，往往用对物的管理思维、方法和手段来管人，结果出事，出大事。

有一句流行语：智商决定人是否得以录用，情商则决定人能否晋升。

其实，在今天的人力资源管理中，管理的主体、管理的客体、管理的环节、管理的过程，都要重点考虑运用情商问题。

在招聘上，把情商作为选择人才的重要依据；在培训上，加大情商的培训力度；在调动积极性上，更加注重以情激人；在用人上，注意提拔情商高的人担任领导职务；在人力资源的配置上，智商情商的方法可以结合运用。

智商高、情商略低的人，一般培养他多从事技术工作；情商高、智商略低一点的人，可安排从事公关、营销、办公室工作；双高的人，即智商和情商都高的人，从事管理工作、中高级领导工作；双低的人，即智商和情商都低的人，要加强培训，全面提高他们的智商和情商。

有人说，情商的重要性，再怎么强调也不过分。

舒天戈先生认为，情商是主宰人生的心灵之泉，是人生制胜的利刃，是成功人士的史诗，是生命美丽的翅膀，是走向辉煌的通行证。

"搭乘情商列车，成就非凡事业。"

4.情商与心态相互促进，共同提高

一般来说，情商高的人，心理都比较健康，都会有积极的心态、阳光的心态。

20世纪90年代初"情商"一词被提出来，它的本意是"情绪"，所以，通过提高情商修炼阳光心态的初衷也是在"情绪"的调适和管控上。

三、调适管理情绪，做情绪的主人

修炼阳光心态的重点之一，就是如何正确对待自己的情绪，它也是提高情商素养的重点。怎样正确对待自己的情绪？重点放在两个方面：

第一，管理与控制好自己的消极情绪、负面情绪。

第二，激发自己的积极情绪、正面情绪，发挥情绪的最佳功效。

对负面的消极情绪必须管控。

每个人都有情绪，每个人的情绪都有可能时好时坏，每个人都可能感情用事、意气用事，也可能冲动和偏激。

正如成功学大师奥格·曼狄诺说过，"潮起潮落、冬去春来、夏末秋至、日出日落、月圆月缺、雁来雁往、花飞花谢、草长瓜熟，万物都在循环往复地变化中"，人的情绪也许就是如此。

人的情绪也有自然变化的一面，受自然、环境的影响，情绪可能有好有坏。比如阳光灿烂时，我们的心情会随之好起来；阴雨绵绵的时候，我们的情绪也许会低落起来。

但是，人是社会的人，人的情绪受自身因素影响很大，受自身心态的影响更大。

每个人，都必须修炼心态，必须加强对自己情绪情感的管理与控制，学会控制情绪情感。

在情绪情感方面，先做好自己的主人，然后才可能做别人的主人。

情绪是人的本能，但是，调适并管控好情绪，才是人的本事。

同正面情绪的人一起生活、工作和学习，是人生的一种幸福；和阳光心态的人交往，是人生的幸事。

有人说："所有的烦恼，都有解药。"

有人说："所有的负面情绪都可以被控制。"

有人说："没有不能稳定的情绪，只有想不到的办法！"

有人说："天若不渡，唯有自己渡。"

只要愿意去控制，只要愿意去修炼，情绪就可能由坏变好、由消极变为积极、由负面变为正面。

要相信，"人生，除了生死，其余皆是擦伤"（《次第花开》）。

所有的负面情绪都可以管控好，都可以"化腐朽为神奇"，变消极为积极，做自己情绪的主人吧！

怎样调适并管控好自己的负面情绪？

有一篇名为《晚点书屋》的网络文章，提出了一些负面情绪和烦恼的"解药"，我认为可行、有效，这些解药是：

第一，焦虑时，冥想，对心灵进行训练。

第二，迷茫时，读书，给自己内在的底气和勇气。

第三，悲伤时，运动，让身体的能量流动起来。

第四，痛苦时，改变心态，心态决定情绪的正反。

第五，愤怒时，等待12秒：愤怒的持续时间，一般不会超过12秒。

第六，失望时，放下期待，要知道，希望越大，失望越大。降低期望点，或许有意外的惊喜。

当然，也要看到，要管控好自己的情绪情感也绝非易事，因为每个"自我"中都经常存在着感情与理智的斗争。一时一事可以管理和控制好，但要时时、处处、事事都把自己的情绪和情感管理好、控制好，是不简单的、是不容易的。

我提出对情绪进行调适和管控的几点建议：

1. 驾驭愤怒情绪

喜怒哀乐是人之常情。

愤怒是一种激烈情绪的表现，它也有一定的好处，如岳飞的"怒发冲冠凭栏处"，有一种气概气势，有一种震撼威慑。

一个领导者，有时发一点怒，也有对错误的事和人的一种震撼和警示。

我在作"怎样当好正职领导"这个专题演讲时，就讲过，《红楼梦》中大观园里的"一把手"是贾母，她是当一把手的典范。她总体上是慈祥温和、和颜悦色的，但是，贾母也曾两度严重发飙。

第一次是她不成器的大儿子贾赦想要娶鸳鸯做小老婆，鸳鸯憎恶这个好色的糟老头，一状告到贾母那里，贾母就非常恼怒：

贾母听了，气得浑身发颤，口内只说："我通共剩了这么一个可靠的人，他们还要来算计！"

第二次发飙就更见威严。《红楼梦》第七十三回，贾母认为园中存在不安定因素，主要是值夜班的老妈子聚众赌博，她是怎么发怒的："夜间既耍钱，就保不住不吃酒，既吃酒，就免不得门户任意开锁。或买东西，寻张觅李，其中夜静人稀，趁便藏贼引奸引盗，何等事故做不出来……这事岂可轻恕！"

可见，连贾母都如此发怒，还有谁不发怒的？当领导的也不可能不发怒。

而且，男士发怒，还有别样解释。

男士的发怒是一种另类哭泣，是一种情绪的调节，是一种情绪的宣泄，也是一种健康的需要。

其实，发怒也是有学问的，有方法和艺术的。

领导者的不怒自威，那是情商的上乘；一喜一怒，喜怒收放自如、拿捏有度，喜怒运用得体，那也是情商的上乘；喜怒无常，动不动就发怒训人，那是情商与心态很差的领导者。

经常发怒并不是好事，对学习不好，对工作不好，对生活不好，对人际关系不好，对自己的身体也不好。

人常说"怒伤肝"，发怒还会引起高血压、胃溃疡、失眠等，更重要的是，它是一种心理病毒。

生气愤怒，是一种典型的情绪化和感情用事的状态，容易冲动，容易偏激，容易走极端。这样，就会不计后果，语言和行为就会失控，对他人的身心造成伤害。这方面的案例太多太多。

所以，失控的发怒，是最容易得罪人的，是最容易伤害别人心灵的，而且，也是最容易触怒别人的。

发怒发脾气而失控，会留下伤口，给自己留下伤口、给别人留下伤口，如钉钉子，拔出了钉子，钉子眼永远都存在。

怎样驾驭和控制愤怒情绪？有一些小的技巧：转移法、拖延法、排泄法。

比如，当自己要发怒时，立即离开发怒的环境，参加一些其他活动，排泄怒气。

如果自控能力不好或脾气太坏，可以请朋友在自己要发脾气时用约定的"密码"来提醒自己平静下来。

美国总统杰弗逊的方法是"数数"，一直数到不发怒为止。有人认为数到60位，一般就不会发火了。

做深呼吸，做几次、几十次，情绪就会慢慢地缓和下来。

"上厕所"，不管有无大小便的便意，在厕所里蹲一会儿，情绪可能得到缓解。

我很相信电视剧《武林外传》中郭芙蓉处理生气的一个方法：

平时，郭芙蓉遇到一些事生气了、愤怒了，就用她的绝世武功"排山倒海",把别人打到很远的地方,给别人造成了身心的伤害。

有一次,一位"高人"指点郭芙蓉,遇到要发怒运用"排山倒海"武功的时候,口里就念这段话:"世界如此美妙,我却如此暴躁,这样不好,不好。"郭芙蓉按此方法去做,结果,情绪平和了,愤怒也控制了。

当然,最根本的方法还是加强心理控制、提高修养;改变世界观、人生观、价值观;修炼自己的心态。

在情绪方面,最根本的不是要战胜别人,而是要战胜自己。

战胜自己情绪情感的很好的方法是理性控制,就是要锻炼一种高强的自控力,学会不要生气发怒。

还要养成一种不发怒的好习惯。

有一首民间流传的打油诗,叫《莫生气》,它是写给老夫老妻的,我认为有点意思,一般人都可借鉴。

> 人生就像一场戏,
> 因为有缘才相聚。
> 相扶到老不容易,
> 是否更该去珍惜。
> 为了小事发脾气,
> 回头想想又何必。
> 别人生气我不气,
> 气出病来无人替。
> 我若气死谁如意,
> 况且伤神又费力。
> 邻居亲朋不要比,
> 儿孙琐事由他去。
> 吃苦享乐在一起,
> 神仙羡慕好伴侣。

要是心情不愉快,真生气了怎么办?使自己心情愉快的基本心理技巧就是自我安慰，找一个心理平衡点。

要是真的生了气又发了怒，而且造成了一定的不好的后果了怎么办？要习惯于表示歉意，学会说"对不起"。哪怕你是长辈、是领导、是老师，也要学会放下架子来道歉，这是一种情商高的表现。

2. 克服紧张情绪

压力、矛盾、冲突、风险、危机等，都容易使人紧张，产生紧张情绪。

要考试了，紧张；要上台表演了，紧张；要去参加重大体育比赛了，紧张；要上台演讲、上课了，紧张；要见仇人了，分外眼红了，紧张；要见情人、恋人了，一颗心像一个小兔子一样，嘣嘣直跳，紧张；做错事要受批评了，紧张；要上战场了，紧张……

有一千种情况、一万种情况使人们紧张。

有一定的紧张情绪是必要的，我们很熟悉的一句话，叫"团结、紧张、严肃、活泼"。

但是，过度紧张就是一种不良情绪的表现，对工作、对生活、对学习、对身体都不好。

太紧张了，会把事办错；太紧张了，会把话讲错；太紧张了，晚上会失眠；太紧张了会使人精神崩溃、使人精神有病。

许多精神病人或者是人们说的"心疯"，就是由于紧张而致。

克服紧张情绪的主要方法，是要学会减轻压力。

没有压力不行，压力过大也不行。

领导要给部下减轻压力；每个人，都要自己给自己减轻压力。

减轻压力的方法很多，这里介绍两种：

第一，专心致志。

很多的紧张情绪是由于有私心杂念，总是担心这、害怕那。去掉杂念，专心致志，就能克服紧张情绪。

第二，幽默风趣。

这是很重要的一个方面，在本书的后面部分还要论述。

3. 避免急躁情绪

急躁使人心绪不宁、处于惴惴不安的精神状态，其结果是经常把本来十分简单、容易办的事给人为地复杂化了，难以处理了。这就是我们经常说的"忙中出错"。

事业常毁于急躁。

特别是一个企业家，一位中高级领导者，遇事、遇大事、遇紧急事不急躁是十分重要的。

一个重大的项目、一个重大的投资、一个重大的决策，决策者果断是需要的，但急躁不等于果断，急躁了的决策，就可能酿成重大失误或失败。

怎样训练让自己不急躁？主要是培养自己遇事冷静的情绪。冷静使人在一切正常的心理状态下实事求是地看待事物、看待别人、看待自己、看待社会、看待团队。对所要做的事情的约束条件和实现的可能性有科学的认识和预测，深思熟虑，三思而后行，沉着冷静。

翁同龢说了："每临大事有静气。"他遇到重大决策时，就焚香一炷，坐在那里让自己的心静下来，进入冥想状态。

一般人的重要方法是陶冶情操，有的问题可以搁一搁，冷处理。

在一个单位、一个组织、一个团队里，总会有一些刺头，有一些麻烦制造者，对他们的管理，有五种方法可借鉴：

一是找出他们总是挑剔而低满意度的原因，提出对策；

二是多沟通，多了解他们，多引导他们；

三是表扬他们与指出他们的不足相结合；

四是冷处理，有时暂时不处理、冷处理，也是一种处理。

五是所有的招数都用完了还不见效，只有辞退。

情绪训练的重要方法之一是多听一些轻音乐；经常静心喝茶；遇事不要急于下定论，多思考几种预案也是有好处的。主要是培养自己的韧性，目标适当，张弛有度，沉着冷静，学会冷处理。

4.摆脱消极情绪

积极者，乐观也。

消极者，悲观也。

观，即观点、看法、观察、视角。

"两个人看同一事物，会看出不同的东西和结果。"

消极的情绪是消极的心态造成的。这是一种悲观的情绪。

有这种情绪的人，看世界、看社会、看企业、看别人、看自己，看到阴暗面多。

事实上，我们看到的往往并非事物的全貌，我们只看到了我们想寻求的东西，看到的是一些消极情绪影响到自己心理而外化的东西。

这恰恰反映了我们的心理状态。

在消极情绪中，抑郁情绪是危害最大的一种。

爱尔兰有一位患重度抑郁症后又成功走出了抑郁阴影的人，叫加雷斯·奥克拉罕，他写了一本书，名叫《别了抑郁》。他写道："在未来15年，抑郁症在全球的发病率将高于癌症和艾滋病，成为严重危害我们健康的头号杀手、事业的头号杀手、学习的头号杀手、生活的头号杀手。"

据统计，全球疾病负担中，占第一位的是精神疾病，而在所有的精神疾病中，抑郁症占第一位。它表现为强迫、忧郁、焦虑、敌对、恐怖、偏执等，往往使人萎靡不振，对工作、对生活失去兴趣，甚至不能爱，也不能体会别人的爱。

一个人心情不愉快，会主动去寻求宽慰，以减轻痛苦。但是，抑郁者会把自己的心用一道无形的城墙给封闭起来，拒绝别人的帮助，还可能自己惩罚自己，在抑郁的牢狱里，他既是囚犯，又是刽子手。

有抑郁情绪的人，他们心灵疲惫，看什么、干什么都觉得没有意思，无力也不愿意去摘取成功的果实。

有的人是受到挫折后消极，有的人是性格偏激消极，有的人是环境影响造成的消极，主要还是世界观、人生观、价值观问题。

消极情绪使人没有激情，不能求上进，没有进取精神，提不起精神来，对什么都没有兴趣，它特别影响一个人的进步。

怎么消除消极情绪？

要树立正确的世界观、人生观和价值观，确立正确的人生目标。作为上司，要对部下进行很好的职业生涯设计和规划，对他们要多用正激励，想办法调动他们的积极情绪。

怎样消除抑郁情绪？有一位学者介绍了这样一些方法：

第一，不要总是为自己找借口；

第二，要善待自己，加倍爱护自己，有时要学会讨好自己，不要把自己看成坏人，对自己要多一些宽容；

第三，相信自己，也要相信别人；

第四，在自己的心灵深处寻找一块绿洲，放松身心；

第五，特别是要练习幽默，练习笑；

第六，向朋友诉说自己的烦恼，包括向异性诉说，注意，仅限于向异性"诉说"而已；

第七，多参加一些集体活动，比如，去听一些有趣的演讲；

第八，多看一些有趣的书籍；

第九，敢于去尝试；

第十，对人生、对家庭、对组织、对社会充满希望，多自我激励。

另外，也可适当用一些药物。

5.消除浮躁情绪

一段时间以来，社会上出现了比较严重的浮躁情绪。

少数当领导的人浮躁，上任后要急于出政绩，不愿意扎扎实实做基础工作，不注重生态环境，不注重可持续的高质量发展，错误的政绩观指导下的浮躁工程就出来了，忽视了以人为本的科学发展与和谐社会的构建。

少数企业家浮躁，不愿意强化内部管理，不愿意培训员工，不愿意建设企业文化，自己也不愿意认真系统地学习经营管理知识，而是浮躁投资，总希望马上赚大钱。

商业中有一些人，今天炒房子，明天炒车牌，后天炒煤炭，炒来炒去，社会的财富并没有增加，却有一些商海浮躁之病。

一些学生浮躁，不愿意静下心来多读点书，不愿意在理论基础上下功夫，不愿意从最基本的、最基础的、最基层的东西做起，急功近利。

一些教育管理工作者也浮躁，每年都要你出多少篇文章、获得多少科研经费、获得多少奖，结果是什么？急就出的东西虽多，质量却不易上去，有的学术腐败也可能是如此"压"出来的。

其实，一些领导者、学生、教师也很无奈，也很可怜，他们在某种程度上是被逼的，特别是一些不科学的考核考评、排名排序，一些不正确的社会导向。

不过，我要说的是，这种浮躁情绪和心态如果扩展下去、持续下去，对谁都没有好处。

浮躁情绪和心态盛行，不可能构建成和谐社会。

怎样消除浮躁情绪？社会要有导向，要正确地引导。要有一颗冷静的心。主要还是静心，心静。静下心来，心静下来。整个民族都要冷静一些。按规律办事，实事求是。

6. 学会放松情绪

要采取多种形式放松自己的情绪，调节自己的情绪。

第一，合理宣泄情绪。

当一个人在工作中受了一肚子气，很可能是回到家里向夫人、向孩子发泄；当你在家里受了一肚子气，很可能在工作中向同事、向部下、向顾客发泄。这种乱发脾气对工作和生活都很不利。

而且，一次大发雷霆，往往是情绪积累了很久总爆发的缘故。

怎么办，气在肚里，得不到发泄是要坏事的，有人管这叫"负性"生活，据说负性生活的人，得癌症的概率要大得多。而且，经常发泄一些不良情绪，大发雷霆式的总爆发就不容易产生。

用语言和行为发泄心中的不良情绪，保持心理的平衡，也不失为一种方法。

那就发泄吧。女士的流泪和唠叨，是一种；男士的合理发怒也是一种。生大一点的气，一般要发泄20分钟到半小时。一个人不在于发不发脾气，关键是怎样发泄。

情绪的发泄也是有学问的，时间和地点要选择好。

比如，下班后，就到小河边、树林里、山沟旁，独自一个人目无天地，痛痛快快地高声大叫，并辅之以夸张性的动作，闹一场，发泄得淋漓尽致，发泄得天昏地暗，发泄得"呼儿嗨哟"，舒服了、痛快了，然后回到家里，高高兴兴地与家人团聚。

流泪也是一种情感情绪的宣泄。人常说，笑比哭好，说明哭也有一些好处。女士的寿命一般来说比男士长，原因很多，有人认为，一是女士爱唠叨，二是女士爱哭，从而，女士把一些委屈通过唠叨和哭泣发泄出来了；而男士则掖在心里，发泄不了，过着负性生活。

将负面情绪的东西跃然纸上，写出来，然后烧掉，因为写出来后，已经发泄了、宣泄放松了！

种种宣泄的方式，无非就是把心中的悲痛、忧伤、郁闷、遗憾，痛快淋漓地发泄出来，不让它沉积在心里，不让它成为压抑自己负性生活的巨石。

心理医生的一个基本功，就是耐心倾听。其很大部分时间就是倾听心理患者的心声，只要有一个好的听众，让心理患者尽情地说，也是一种发泄，从而就能对心理患者的心理治疗起到奇效。

第二，富于幽默感。

它特别能减轻精神和心理压力。要培养自己的幽默感，特别是要练习笑。在一个单位、一个组织，甚至一个城市、一个社会，都要着力营造一个宽松的情绪环境、和谐的氛围。

学生的情绪情感，在很大程度上，是他们所在的学校和家庭里培养训练出来的。家庭的和睦、老师的和蔼、同学的合作、社会的和谐，对学生的影响特别大，这往往是一种无形的训练、无声的培养，极为重要。

道是无形却有形，此时无声胜有声。

7. 调动和激励自己的积极的正面的情绪

用积极战胜消极，用正面战胜负面。

（1）情绪情感就是力量

情绪情感也有它有利的一面，而且很大。

所以，我们就不是一味管理、控制，还要调动情绪，激发情绪情感，让自己的积极情绪、正面情绪发挥和表现出来。

情绪情感是可以传染传递的，情绪具有感染性。要运用有利情绪的正向传染。

很多演员、很多教师、很多领导者、很多家长，都深深懂得一个道理，叫"以情动人"，要用正向的情绪去感动人，要去感染人，甚至有人说，当老师的、当领导的，在演讲时，还要学会"煽情"。

我在作"客户经营"的专题演讲时，讲过一个广义的客户经营理论。客户是我们商家厂家的商品和服务的消费者，我们要用高质量的商品和服务来感动客户、感染客户。

学生是我们老师的客户，他们实际上是在消费我们老师的知识商品。我们要认真备课、认真讲课，用高质量的知识商品去感动学生、感染学生。

员工是我们领导、管理者的客户，领导、管理者对自己的部下，对自己的员工，就像对待客户一样；我们的制度要制定得好，决策要正确，这些制度和决策就是我们给员工提供的领导和管理商品，他们在消费。通过我们正确的领导和管理商品来感动他们、感染他们。

家长对自己的孩子也是这样的。家长要感动孩子，感染他们。

感动是触动一个人最脆弱的地方，然后再让他坚强起来。

怎样感染人？怎样感动人？

第一，找到一个人最脆弱和最坚强之所在。

这个脆弱的地方是什么？这个坚强的地方是什么？

不仅仅是这个商品、服务、制度、决策、知识、信息本身，这些是物理的东西，更重要的是心理，心理重于物理。这个最脆弱和最坚强的东西都是"情"。以情动人、以情感染人，就是这个道理。

第二，"三主"方针——主动、主导、主控。在情绪情感的互动感染过程中，我们的老师、我们的家长，我们的领导、管理者，我们的商家厂家，要成为情绪情感的主导者、主动者、控制者，把自己的温情、柔情、热情、激情等优秀的、良好的情绪情感通过物品和服务，通过制度和决策，通过知识和信息，通过一言一行，传导给你的客户、你的部下、你的学生、你的同事、你的家人、你的孩子。

第三，感动他人的基本原则。

钢铁大王卡耐基有一本著作，叫《感动人》，他讲了感动人的四个原则。

一是尊重对方。对方无论错对，都有其理由，因此要尊重对方。谅解对方，使人感动。

二是自感重要。让对方感到他自己是重要的。每个人都喜欢受人注目，得到别人的欣赏，也希望别人能称道自己的长处。他不过是一般职员，你在介绍他时，却说他是单位的业务骨干，他一定会很感动。

三是投其所好。特别是雪中送炭，会令人感动。

四是真情所至。发自内心的感情。无论你想在哪个方面感动别人，都要尽量显露自己的真实情感。

同时，我们的老师、家长、领导、管理者，甚至全社会，在学生和员工的情绪情感训练上要高度重视、下功夫、想办法。

多一点理解，少一点训斥；

多一点鼓励，少一点批评；

多一点尊重，少一点贬低；

多一点关心，少一点冷漠；

多一点引导，少一点强制。

从大环境上营造氛围，引导孩子、学生和员工将消极情绪转化为积极情感。通过情绪的调动，来影响他人的工作、学习和生活的主动性、积极性和创造性，影响他人的效率。

企业里的物质激励、精神激励、目标激励、情感激励和信息激励，也是一种调动情绪的好方式。

要打仗了，指导员、政委就会进行战前动员，让战士们热血沸腾、保家卫国、冲锋在前，战士们还要纷纷写血书。

企业里，一个大的项目要上马了，老总会对中层管理者、员工进行演讲，调动全员积极性。

有的时候，上级领导还会把你叫到办公室，施用激将法，激励你积极进取。这种情绪效应是一笔巨大的无形资产，许多经济上的奇迹就是靠情绪效应来创造的。

不少民营企业，很头疼的一个东西就是"打工仔思想"，说得规范一些，就是雇佣思想，哪怕做到副总经理甚至总经理，都认为自己只是一个打工仔，效益的大头让老板拿走了。这种打工仔思想、雇佣思想，对企业的效率提高是一大障碍。怎样解决这个问题、难题？

情绪调动、感情投资、注重激励、感动员工，就是很好的方法。

我们常说，"团结就是力量"，其实，我们也可以说，"情绪情感就是力量"。美国微软公司的比尔·盖茨是一位高明的情绪情感调动者。他提出的管理口号是"他分享一切"，他让他的员工和管理者都认为自己为微软工作、创造着财富的同时,也是在为自己工作,是在分享着财富与精神,从而产生了真诚的合作态度和主人翁精神。这样,比尔·盖茨进行着情商管理,把情感效应转化为经济效益。

《乔家大院》中,给伙计以身股,还要增加,这就是感动员工的做法,让员工感到工作也是为自己在做,这就调动了员工的工作热情。

所以有人讲:"无情未必真君子,无情未必好丈夫,无情未必佳领导,无情未必好管理。"

(2)让激励插上翅膀

激励是最重要的攻心术,它能极大地开发人的潜能。心理学中,非常强调激励。管理学中,特别是对人力资源的管理,激励是一种高深的管理艺术。

在我2017年出版的一本书《静心悟道:100个故事的启迪》中有这样一个关于激励的故事:

  有一家餐馆,老总姓刘,餐馆的招牌菜是烤鸭,烤鸭师傅姓王。王师傅的烤鸭技术堪称绝活,特别是鸭腿烤得好,远近闻名,他走在街上,市民、食客都要对他鼓掌伸大拇指,还说了:"王师傅,您的烤鸭烤得太好了!"这时,王师傅一般都会笑着回答:"欢迎大家来品尝!"

  有一天,餐馆来了几位客人,贵客,是刘总的好朋友。刘总说:"贵宾们,点菜吧!"

  贵宾们说:"点什么菜?到您的餐馆来就是吃您的招牌菜烤鸭的!"

  刘总说:"那还不容易吗!王师傅,您来一下。"

  刘总对王师傅讲道:"王师傅,这一桌子都是我的贵宾,今天拿出你的绝活,烤三只全鸭,记住,鸭腿要烤得好一点。"

  一会儿工夫,三只全鸭上桌了,香味扑鼻。只见一位女贵宾第一时间就抓住了一条烤鸭腿,马上就要吃起来。

  这时,一位男贵宾对她说:"且慢吃,你们看,好怪异哟!

刚才刘总叫了三只烤全鸭，但是，你们看，为什么每只烤鸭只有一条腿？刘总，您解释一下？"

刘总说："我也没有注意。"马上叫来王师傅，问他为什么。

王师傅解释说，是因为当地的这个品种，活鸭子也只长一条腿，所以，烤出来的全鸭也只有一条腿。

刘总和贵宾们都不相信！

王师傅说："我带你们出去看一下，就明白了。"

于是，王师傅把刘总和几位贵宾都带到餐馆外面，在太阳下的一棵大树旁，只见一群鸭子正在树底下乘凉，每只站立的鸭子都是把一条腿收起来的，金"鸭"独立！这时，王师傅对刘总和贵宾们说："没有骗你们吧！你们看，每只鸭子确实只有一条腿，所以，烤出来的全鸭，它当然只有一条腿了。"

贵宾们看了听了连连点头："长知识了，长知识了，当地的鸭子还真的只长一条腿，难怪烤全鸭子也只有一条腿！"

刘总知道王师傅这是忽悠人的，就朝这群鸭子做了一个动作，并吆喝了几声："哦嘘！哦嘘！"

这时，众鸭子便都惊慌地跑了。

刘总对王师傅讲了："王师傅，这群鸭子不都是两条腿的吗？你的烤鸭怎么都只有一条腿？"

王师傅对刘总说："刘总，您刚才对鸭子们鼓掌了，它们就从一条腿变成了两条腿。我在餐馆烤鸭十多年，刘总您从来没有给我鼓过掌啊，所以，烤出来的鸭子它当然只有一条腿！"

这个故事可能只是一个笑话，但是，领导对员工、父母对孩子、老师对学生、听众对演讲者，怎样激励？既是一门高深的学问，也是很小的一个举手之劳，可能就是动动嘴而已！

我们还特别强调的是每个人的自我激励。从高级管理者、中层管理者到一般员工，都要自我激励。自我激励是生命美丽的翅膀，是一种取之不尽、用之不竭的财富，是催人奋进的无穷动力。

第一，自我期待，充满希望。

自我激励首先要自我希望、自我期待。

有人讲，一个连梦都不会做的民族，是没有希望的民族。

走进美国航天基地，会看到一根大圆柱上镌刻着这样的话：

"If you can dream it, you can do it."

这句话的意思是，心存梦想，就能做到。或者说，想得到，就做得到。

就像居里夫人说的："把生活变成梦想，再把梦想变成现实。"

人生就是在不断地编织一个又一个的美梦，梦破灭了，再编，再去圆梦；梦实现了，又接着编，又去圆梦。

梦到了，想到了，希望了，期待了，就会驱使你在实践中努力去实现梦想，把希望变为现实。

皮格马利翁效应是一个很能说明这个问题的案例，这是讲的一个真情所至感动神的故事。

相传古希腊塞浦路斯的一个国王，叫皮格马利翁，多才多艺，擅长雕刻。他倾心用象牙雕刻了一尊爱神雕像，神韵兼备，超凡脱俗，他不由得爱上了这尊雕像，一再恳求维纳斯给这座美丽的少女雕像以生命。维纳斯为他的痴迷所感动，终于同意他的请求，他如愿以偿，和有了生命的雕像结了婚。

要相信，真情能感动一切！

情商理论认为，自我期待是自我激励的源泉。一个人只有有所期待，才可能在实践中自我激励，产生巨大的力量。

我们应该坚信：一切坚忍不拔的努力迟早会取得回报的。

第二，自我肯定，充满信心。

肯定自己，喜欢自己，相信自己，关爱自己。

确信天生我材必有用，充满自信心。

一个连自己都不相信的人，能指望你相信别人、能指望得到别人的相信吗？相信自己，就能够承受各种考验，甚至是挫折和失败，去争取最后的胜利。

一个人不要老是叹息，不要老是说自己倒霉，不要老是说自己运气不好，不要老是说自己的坏话。有人开玩笑讲自己"乌鸦嘴，说好话不灵，怎么说坏话一说就灵呢？"

其实，从心理学的角度讲，并不是说自己的坏话就灵，而是老说自己的坏话，老说自己这也不行那也不行，于是，在自己的潜意识里，就产生了一种自己不行的印象，产生一种心理暗示，自己就会自暴自弃，该努力的也不努力，该争取的也不去争取了。

心理上积极的暗示是很重要的。陈安之讲成功学，很重要的就是心理的积极暗示。

我们中国人有谦虚的美德，但是，有的已经不是在谦虚，而是在作践自己，是一而再、再而三地打击自己的自信心。

本来妻子很漂亮，或者说至少不是不漂亮，但要谦虚为"这是我的糟糠之妻""这是我的黄脸婆""这是贱内""这是我的老婆"，其实妻子并不老，却硬要说她是"老了的婆婆"。

自己的儿子本来长得虎头虎脑的，而且很有孝心，但却向他人介绍，"这是我的像狗一样的儿子""这是我的不肖之子"。

久而久之，就形成了一种思维定式："我们是害虫，我们是害虫""我们就是这样的下贱、不肖，我们就是不行"。这哪里是在喜欢自己，完全是自我糟蹋。

最能相信自己、喜欢自己、关爱自己、鼓舞自己的人，恰恰是你自己。

喜欢自己的一个很重要的方法，就是要改进自己。自己总是有不足的地方，总是有让自己也不喜欢的地方，就下决心改掉它们，这才是真正喜欢自己。

8. 善待人生机会

当一个人把情绪管理好了，他的情绪情感积极了、正面了，你会发现，他遇到的机会会更多，也更能抓住更多的机会，这就是"善待机会"的秘密。

修炼阳光心态：美美与共

　　有人说，智商高的人善于发现机会；情商高的人善于抓住机会，逆境商高的人不轻易放弃机会，情绪和心态好的人，会利用好机会。多给科学家一次机会，多给孩子一次机会，多给学生一次机会，多给员工一次机会，多给落伍者一次机会，多给犯错误的人一次机会，多给自己一次机会。

　　"爬起来比跌倒多一次就成功了。"

　　一般的学校里都有一些"差等生"，为什么这些孩子会成为"差等生"？

　　有的是贪玩，有的是只专注于自己感兴趣的事，有的是淘气，有的是"偏科"，等等。

　　"差等生"都给人一种"愚""蠢"的表象，这些表象会从心理上影响他们的心态、情绪和身心发育与成长。

　　其实，在他们"愚"和"蠢"的表象的后面，当时就在闪烁着智慧和情感的光芒，只可惜，"愚蠢"将"智慧""情感"遮盖得严严实实。只可惜，我们给他们的机会少了一些，他自己有时给自己的机会也少了一些。

　　我们应该创造条件，对孩子、对学生、对员工、对自己多给一次、再给一次成功的机会，让他们的负面的、消极的情绪最小化；让他们的积极的、正面的情绪最大化，这就是大情商啊！这也是我们的阳光心态之所为！

第七章 努力提高情商素养（下）

情商的本意是情绪智力，重在情绪的调适、管控与调动、激发。

但是，我提出，广义的情商在"心之情"。情绪也是一种心的反映和外化；心情、心态，都在于心。下面，我重点论述一下提高情商素养的几个心，作为修炼阳光心态的重要方法和途径。

通过提高心的素养来提高情商和修炼阳光心态，但是，一个人在"心"方面的素养比较多，如仁爱心、感恩心、上进心、责任心、宽容心、欣赏心、敬畏心、畏惧心、同理心、同情心、怜悯心、快乐心、合作心、灵巧心、恻隐心、赤诚心、宁静心、快意心、精细心、善良心、孝敬心、尊重心等等，太多太多，它们基本上都与情商和阳光心态有关，我重点论述以下几个"心"，修心养性，修炼自己，自己修炼。源静则流清，本固则丰茂，内修则外理，形端则影直，从而提高情商素养，修炼阳光心态。

一、仁爱心

有道是，最是阳光仁爱心。

"爱心"，是全世界的通用语言，谁都听得懂。"仁爱"，是有中国特色的词语，西方文化中没有严格意义上的"仁"。

郭沫若讲，"仁"是春秋时期的新名词，此前无"仁"字。

"仁"，是孔孟之道，是为人、为官、为商、为政之要。

仁心、仁爱、仁义、仁悌、仁术、仁民、仁政、仁德、仁厚、仁慈、仁道、仁人、仁者爱人、宅心仁厚、仁义之师、仁者无敌、天下归仁：天下归仁德者居之。

可见，与"仁"结合的，基本上都是褒义词。

我在2016年出版发行的演讲视频《国学经典与人文素养》中讲了：什么是国学？就是中国之学、中华之学，一国所固有之学术，就是以儒学为主体的中华传统文化与学术。

国学的主体是儒学，儒学的核心就是"仁"。

孔子非常强调"仁"，在共20篇15900多字的《论语》中，提及"仁"字的，大约有109次。它形成了以"仁"为核心的伦理思想结构，是中国儒家学派道德规范的最高原则，也是孔子思想体系的理论核心。

"仁"的主要内容有：孝、弟（悌）、忠、恕、礼、知、勇、恭、宽、信、敏、惠。孝悌，是"仁"的基础，是仁学思想体系的基本支柱之一。

"人者仁也""仁者爱人"。仁者必是爱人之人；爱人者，一定是仁者！

孔子把"仁"与"爱"联系起来，是具有深意、普遍意义的！

西方讲博爱，是爱的广度；孔子的仁爱，是爱的深度和质量。

孔子提出要为"仁"的实现而献身，"杀身以成仁"，对后世影响很大。《论语·颜渊》中说了："樊迟问仁。子曰：'爱人。'""克己复礼为仁。一日克己复礼，天下归仁焉。"

《论语·卫灵公》中说了："子曰：'志士仁人，无求生以害仁，有杀身以成仁。'"

《庄子·在宥》中说了："亲而不可不广者，仁也。"

亚圣孟子发展了孔子的思想，把"仁"同"义"联系起来，把仁义看成道德行为的最高准则,他的"仁",指人心,即人皆有之的恻隐之心、仁爱之心;其"义",指正路,"义,人之正路也"。

曾参是孔子最喜欢的学生之一,他的思想主张在中国传统文化中一枝独秀。

曾子在中华文化的薪传流变中乃是承先启后的学术人物。在先秦道德理想主义思潮中,曾子之学是一个重要环节,对中华文化的影响绵延流长。

曾子以"孝"著称于世,其"孝"论既不同于孔子,也不同于孟、荀,卓然独立,旨意殊别。

曾子鼓励门人要一生为实现"仁"的理想而奋斗。"士不可以不弘毅,任重而道远。仁以为己任,不亦重乎?死而后已,不亦远乎?"(《论语·泰伯》)

孟子强调彼此之间要以"仁"相待,他认为"君子"要以"仁"和"礼"存心,从爱人、敬人出发,使他人潜移默化,彼此能以"仁""礼"相待。曾子则强调自身对"仁"的担当,认为"士"要心胸开阔、意志坚强、有使命感,把实现"仁"看作自己肩负的使命,并为之奋斗终身。

西汉儒学代表人物董仲舒的代表作《春秋繁露》,讲了"三纲五常"。三纲,即君为臣纲、父为子纲、夫为妻纲。五常,即仁、义、礼、智、信。董仲舒把"仁"列为五常之首。

古之仁政,一直是中国传统政治的最高理想。中国四大封建王朝宋、元、明、清,都以仁君为明君。

今天,一个当领导的人要"仁",他才是爱民之人,才是好官,人民才喜欢他;一个高净值财富人士要"仁",要担当社会责任,否则会被人家骂成是"为富不仁";一个平民百姓要"仁",这样,才能与人和谐相处,生活才有志气、骨气。

"仁",一般都会爱!

我在《培养高情商孩子:言传、身教、环境好》一书中,用了很大的篇幅写了父母对孩子爱心的教育，我们认为。爱心最阳光，爱心是最高的情商。

"仁"是爱的代名词，"仁"是爱的同义语。仁爱的力量巨大！

2007年8月，中国电影奖"华表奖"举行第12届颁奖仪式，几十个奖项都"名花有主"。其中，《霍元甲》这部电影的主要演员李连杰上台领奖。

20世纪80年代初，李连杰在电影《少林寺》中扮演的少林和尚，是主要演员，演得非常好，轰动全国，成为家喻户晓的人物，后来成为国际影星，特别是在武打电影电视剧方面，他演得很好。

当时，李连杰上台领奖时，主持人问了他一个问题："李连杰先生，您之前拍的电影（饰演的）都是武林高手，拍（饰演）过黄飞鸿、方世玉、张三丰，还有霍元甲、令狐冲……让他们比武，您觉得谁会打赢？"

其实，这问题很不好回答。因为李连杰扮演的这些武林高手，不是同一时代的人，他们之间没有面对面地交过手，谁能说得清楚谁的武功更高强？

对此，李连杰没有正面回答，他笑了笑，是这样回答的："全世界最厉害的武器、绝招——微笑；最大的、最高的武术智慧——爱。爱所有，爱朋友，爱父母，爱一切。"

李连杰回答得太好了！

真正的武林高手从心底里会笑、会爱，笑和爱才会使他们武功盖世、所向披靡、无敌于天下！

李连杰在演出的同时，也曾在全国奔波，进行有组织的慈善，将爱洒向人间！

李镇西老师的一本书《爱心与教育》，红遍祖国教育界，这本书写得的确好，非常感人。

仅仅是这本书的魅力吗？不，最根本的是李镇西老师在长期的教学中，对学生无私的奉献，是那颗充满爱的育人之心的魅力，他是用育人的心和血写就的！他说了，要当一名合格的教师，最基本的条件就是爱心和童心。

有爱心，是情商素养；如何爱，是智商素养；阳光心态的爱，就要把智商与情商结合起来,智商情商手拉手。

仁爱的力量巨大:爱能征服一切,爱能战胜一切,爱能感动一切,爱能感染一切,爱能感化一切,爱能消融一切,爱能化解一切,爱能获得一切!

爱,是美丽之源,因爱而美!

爱,是幸福之源,它能将一切痛苦化为幸福。

爱,是阳光之源,心中有爱,就像阳光一样,照射别人,帮助别人!

爱是情商之源,没有爱心的人,怎么可能有情商?无情未必真君子,无情不成优秀人!

爱,是精彩之源,"只要人人都献出一点爱,世界就变得更精彩"。

爱换来爱,爱赢得更爱,爱增值爱。

爱,才可能诚信、尊重、文明、欣赏、宽容、激励、尊重、理解、负责、行动、努力、敬业、执行、忠诚、感恩、热情、激情、奉献、牺牲、感动、感谢、感激、感恩。

爱什么?爱党、爱祖国、爱社会、爱人民、爱工作、爱岗位、爱事业、爱学习、爱生活、爱家人、爱同事、爱领导、爱组织、爱团队、爱自己、爱服务对象、爱我所爱、爱我应爱。

我国桥梁学家茅以升说得好:"科学是没有国界的,但科学家是有国籍的",在中国,科学家必须爱国,必须为中华民族伟大复兴作出贡献。

弘一法师李叔同说得好:"念佛不忘爱国,救国必须念佛。"

2016年5月14日,我在为"全国曾子文化研究会"举办的"国学素养与曾子文化"演讲中讲道:"传承与发扬曾子文化,核心就是要爱国,为实现中华民族伟大复兴作出曾氏宗亲、曾子子孙后代们的新贡献。"

同时,爱是有方法和艺术的。

一个心态阳光的人,会懂得爱、感知爱、珍惜爱、接受爱、享受爱、付出爱、回馈爱、传播爱、分享爱,让别人也具有爱心。

领导要爱部下,这是领导最阳光的心态。领导如何爱部下?

首先，要正确决策，让部下做正确的事。

其次，要用人得当，在合适的时间、合适的地点，把合适的人用到合适的岗位上。

最后，还要为部下服务周到，领导就是服务。

有爱心的领导，对员工真爱的领导，是员工的福分呢！

领导对部下的服务，不仅仅是为部下端茶送水、笑脸迎送，最主要的是让部下成功与优秀。为了让部下优秀与成功，就要给部下提供发展的条件、机会，搭建部下发挥能力的平台、舞台，打开部下上升的通道，架起部下进步向上的云梯。

领导爱部下，最重要的就是提高部下的素质素养与能力，给部下以"点金术"，给部下生存、发展、竞争的本领与能力。

领导爱部下，很重要的就是领导自身要有阳光心态。领导是一面镜子，照出了部下的样子。领导自身要提高素质素养与能力，并做出榜样，还要用非权力、非规则的影响力让部下成功与优秀；要部下做到的，领导自己尽量带头做到；当然，领导更要提高部下的情商素养，想方设法让部下的心态阳光起来。

部下如何爱领导？最重要的就是忠于组织，爱岗敬业、尽职尽责。部下的阳光心态很重要，体现在提升自己的执行力上，使自己成为一个执行力强的人。是否愿意执行，这是执行的态度问题；执行得怎样，这是执行的力度问题；执行的业绩如何，这是执行的效度问题。

部下接受任务不讲条件，完成任务不找借口，实现目标追求圆满，这样的部下，情商高，心态阳光！

部下要努力使自己成为一个执行力强的人：

第一，自动自发、自觉自愿，主动执行；

第二，注意细节，因为细节决定成败；

第三，为人诚信负责，责任比能力更重要；

第四，善于分析、判断、应变；

第五，乐于学习、求知，成为学习型的部下；

第六，具有创意，创新创造执行；

第七，具有韧性，坚韧不拔；

第八，人际关系良好，特别注重团队合作；

第九，求胜欲望强烈，总是想把工作做好、做得更好；

第十，在领导正确的决策下，必须服从。

成为一名优秀的部下，这是对领导的大爱！

我在《部下艺术与卓越执行力》的演讲视频中，讲了部下的三大艺术：

第一，部下的"身"的艺术：当你到了这个组织，就要投身、献身到这个组织，你可能身不由己，但你要"以身相许"，扮演好部下的角色，当好领导的替身、化身。

第二，当好部下，仅有"身"的艺术是不够的，还要有"心"的艺术，如平常心、上进心、责任心等等。

第三，部下"业"的艺术，就是爱岗敬业，就是在职业、事业、敬业、乐业、勤业、精业、创业、学业上做出成绩。

老师对学生的爱，学生对老师的爱；

父母对孩子的爱，孩子对父母的爱；

医生对患者的爱，患者对医生的爱；

厂商对客户的爱，客户对厂商的爱；

司机对乘客的爱，乘客对司机的爱；

作者对读者的爱，读者对作者的爱；

演员对观众的爱，观众对演员的爱；

领导对部下的爱，部下对领导的爱；等等。

人与人之间的各种各样的爱，都是高情商的爱，是阳光心态的体现，都需要心态修炼成就！

修炼阳光心态：美美与共

其实，高情商的爱，是有艺术的，这种爱的艺术，重要的一个方面，就是换位思考，就是"懂得"。

故事一则：

残疾人崔某志，他的手脚不方便，嘴巴说话也不是太方便。他的妻子也是一位听力丧失的残疾人。

有一次，崔先生在某电视台演讲时，他说，以前自己总是与妻子吵架。

后来，为了懂得妻子，他来了一次换位思考，用棉花把自己的耳朵塞起来，让自己完全听不见。他说，这三天，别人说的话自己完全听不见，外面的声音自己也完全听不见。

这三天，他简直就要疯了。这时，他才明白，妻子可是30年来什么都听不见的。这时，他懂妻子了，理解妻子了，更爱妻子了，而且，他对妻子的爱，与以前完全不同了，是一种高质量的爱了，这就是阳光心态的修炼，就是情商的提高！

阳光心态、高情商、仁爱心的共同特点是都要有感恩心。

学会感恩，才可能有阳光心态；感恩心，是仁爱心的具体体现，是各种阳光心态的共同表现，是仁爱心升华到了一个更高的境界。

感恩，就是感恩戴德的意思。

动物也有感恩心，"羊有跪乳之恩，鸦有反哺之义"，更何况人呢？是人，都必须有感恩心！

感恩，是中华民族的传统，是中华民族的美德，是中华民族成为世界优秀民族的根本。

中华民族作为一个古老的民族，生生不息地延续到今天，还要兴旺发达地发展到明天、后天，以至永远，感恩之心功不可没，仁爱之心、感恩之心的教育功不可没。

感恩，它是中华的文化、中华文明，更是做人的基本要义、要素、要件、要领以及要求。

"滴水之恩，当涌泉相报"，这是流传在中国大地上最广泛的一句话、最阳光的一句话、最具情商的一句话、最深入人心的一句话。

"感恩"，是爱的自然延伸和具体化，是仁爱的升华。

仁爱、尊重、感恩，再延伸下去，就是善待、宽容、欣赏和负责以及担当。

在我们这个社会，人们没有比现在感到更应该重视感恩的时候了，没有比现在空前地感到感恩的重要性了，为什么？

第一，在感恩方面，人们已经做得不错了，人们希望全社会的人，特别是我们的孩子今后要做得更好。近几年，我国多次评出的道德模范，相当多的是对父母、对他人、对社会的感恩，他们的事迹非常感人。

第二，人们在感恩方面还存在的一些问题，令人忧虑，认为它缺失严重，在一些人身上，特别是在一些孩子身上成了问题，不知感恩、不懂感恩、不会感恩、不愿意感恩，甚至做出一些与感恩相反的事。

有一年"十一"长假，我与夫人一起到重庆大足石刻参观，有一段石刻故事引起了很多人驻足关注，流连忘返。不是石刻的艺术性，而是故事的感人性，孩子感恩父母、孝顺父母正反两方面简单的故事，让观看石刻的人深思，颇受教育。

特别是石刻上有两句警句性的、感叹性的诗，看世间"报恩者少，忘恩者多"，更是让人们得到很多感悟。

类似的话，社会上还不少，如"感恩者少，负义者多""世人只有负义多，感恩可曾有几人"等等。

也许这些话太悲观了些，其实我认为，社会上从古至今，感恩者毕竟是多数，负义者毕竟是少数，好人还是要多一些的。

对孩子加大感恩心的教育培养，应引起父母的高度关注，引起全社会的高度关注，成为全社会的共识，产生共鸣。为什么？

我们从某一年全国讨论的一个热门话题可以得到一些启发：

某省的一位企业家宣布，对资助的几位大学生停止资助。主要原因是，这位企业家对几位大学生每人每年几千上万元不等的资助,但是,一两年下来,这几位大学生没有给这位资助者打过电话、寄过信,没有汇报过生活学习情况,更没有说过感谢的话。

网上、报上热议这件事,各种观点都有,突出的就是关于感恩心的问题。

受资助的大学生接受了采访,有的人也知道自己不对,但有的大学生认为,自己从心里感谢、感恩就行了,不一定要用语言表达,不一定要直面表述,自己努力把学习搞好,以好好学习的行为和今后工作的实际行动感恩不就行了吗?这些说法也是有一定道理的。

某知名影视演员孙某,资助了一位贫困大学生几年,但是,却被这位大学生忘恩负义反咬一口,令人气愤,这是前些年的事。

后来,类似情况在其他地方还有一些报道,对此,我们有这样的看法:

第一,资助者要调整心态。资助不是以感谢、感恩的回报为前提的,"施恩不望报",无论是哪一种形式的"报";而且,不要把资助人家当成是"施恩""施舍",不要希望人家回报,这不是等价交换。"施恩不望报",这是帮助人的最高境界。

人家回报不回报,以什么方式回报,是人家的事,都不是捐助的前提。其实,付出本身就是一种回报!

当我们因资助、捐助而付出时,已经得到回报了;资助了别人,心灵的深处应该有一种快感快乐,是一种捐助性的享受,得到了这种快乐和享受,不就是一种回报了吗?

同时,一旦资助了、捐助了,就算了,就心安理得了,不要耿耿于怀。

"我资助了你,你要好好学习哟,不然对不起我哟!"

"我资助了你,你要感谢感恩哟,你要给我打电话、给我写信……"

这些话、这些要求,也许会给受资助的人造成一定的精神负担,产生某种压力,背上沉重的"十字架",这可能有违我们资助别人的初衷,有可能让别人摆脱了经济和生活上困难的同时,又产生了精神上的负担。

有一定财富的人们、资助者们，看到人家愿意接受我们的资助，愿意接受我们的爱心，这就是对我们的一种回报了，我们也应该感谢他们接受我们的资助、捐助！

孩子们，无论是小孩子还是大学生，还是其他受助者，他们没有打电话、发短信、发电邮、寄信件给资助者，也有他们的苦衷、缘由。他们接受了资助，会有一种自卑感，如果老是与资助人联系，他们会有一种"低人一等"的感觉，会让他们的心里蒙上一层阴影。他们也许在默默地念叨好人的名字，在默默地为好人祝福呢；也许他们也在默默地努力学习和工作、悄悄地在加油呢！

从广义的感恩角度讲，资助者还要感谢受助者接受我们的资助，让我们的爱和爱心有一个落脚处，让我们"情可以堪"！

要知道，我们的资助、捐助并不是施舍呀！资助、捐助也好，哪怕是施舍也罢，最高境界是尊重受资助人的人格。

谁能保证我们的后代不会进入被别人资助的行列？对受资助的人的行为，多一些宽容可能更好一些。

资助者把心态调整好了，修炼到阳光心态了，这也会提高资助者自己的情商，会对自己、对自己的孩子产生良好的心理影响！

第二，受资助者也要调整心态。

在公共汽车上，人家给我让了一个座位，我也会很自然地说一声"谢谢"；我的东西掉在地上了，有人帮我捡起来了，我也会很自然地道一声谢。这不是社会主义、共产主义的高要求，而是人之为人最起码的准则和要求。

受资助者要调整心态，我受了人家的资助，我接受了社会的爱，我要感到，这个社会多美好，社会上好人还是占多数，我在人格上并不比别人低一等，我没有什么可以悲观的。接受了别人的资助，我也可以说声谢谢的，说了"谢谢"，并不表明我低人一等，反而说明我成熟、会为人、心态好，显得人格的高贵，这也是对资助者的一种激励，让更多的热心人加入资助者的行列中来。

我今天接受了别人的资助，把学业顺利完成了，我工作了，有收入了，也可以资助别人，体会一下资助别人的感觉。

感谢、感激甚至感恩的方式可以有多种选择。例如，可以署名写信、发电邮，汇报学习和生活情况，与资助者交上好朋友；也可以匿名地发短信、发明信片、发电邮、打电话，落款可以是"一个受您资助过的人"。

多年来，我也收到一些资助过的大学生和贫困山区的孩子的感谢信，但是，我把资助过的几百个学生的名字有意识全忘掉，而且，我会带领全家人继续坚持做下去。

有人可能会说，他那么有钱，该资助、捐助我们，为什么还要我们感谢、感激、感恩？

其实，这类话也是很伤人心的。

有人总认为什么都是应该的：国家就该给我安排工作；我工作了就该发奖金给我；爸爸妈妈就该供我上学，就该给我买房买车；老师就该给我们上课，就该为我们批改作业；工人师傅就该为我们生产产品；农民伯伯就该为我们种粮食；商店里的工作人员就该为我们服务；出租司机就该给我们开车；交巡警就该为我指挥交通排堵；领导就该为我服务，有钱人就该资助我；等等。

是的，这些可能都是爸爸妈妈应该的、当领导的应该的、国家应该的、别人应该的。但是，我们要问："你应该做些什么呢？就是该享受的吗？该受资助吗？"

世界上哪有那么多该不该的事情？

就是应该的，也是人家花了心血、汗水的！我们能不能对这些事、这些资助、这些服务有一份感谢、感激、感恩之心呢？有一些感谢的行动呢？

有很多东西，我们并没有去发明创造，并没有劳动劳作，但却在受用享受啊。例如，前人为我们修了路，我们会走路了就在它上面走，难道不应该感谢、感恩先人们吗？

要感恩，要阳光，首先要感恩的是谁？父母！

古语说得好："孝者，忠诚！"

今语说得好："孝者，大爱！"

吾之身，受之于父母；吾之心，受教于父母。最基本的就是，父母把我们带到了人世间，又含辛茹苦把我们养大，从这一点讲他们非但没有错，反而有莫大之功！

某企业招聘员工，对一些来应聘的学生进行了面试。企业老总问，应聘者回答。有这样一段问话：

老总问："放寒暑假你们都干什么？"

应聘者回答："玩、旅游、休息。"

老总又问："经常回家吗？"

应聘者说："经常回啊。"

老总接着问："回家后都干什么呀？"

应聘者说："找同学吃饭、聊天、一块儿玩。"

老总再问："在家里都干什么？"

应聘者说："睡觉、看电视。"

老总对这样的应聘者是不满意的，又说："你怎么就不提孝敬父母？你可以帮父母干点活嘛！"

老总最后还问："每学期，给爸爸妈妈写过几次信？打过多少次电话？发过多少次微信问候？"

不少应聘者茫然，有的摇头，有的惭愧地低下头。

人们有一种感觉，"感恩"似乎说得大了一些、隆重了一些，它是一个很正式的话题，是不是要求太高了一些。

在日常生活中，感恩的机会是很多的，但要每个人时时处处都感恩，可能不现实。

"感谢主，赐我食"，如果都是这样，会让人难受，给别人心理上以压力。

我们建议修炼、培养感恩心，先从感谢、感激开始，从日常生活中的说"谢谢"的感谢开始。

别人给你端了一杯水，说声"谢谢！"

别人给让了一下路，说声"谢谢！"

别人为我服务了，虽然是有偿的，也说声"谢谢！"

这些言行，是一种习惯，也是一种美德，更是对别人的一种回报。

晚饭很香，对妈妈完全可以说一句"妈妈煮的晚饭真好吃，谢谢妈妈"。妈妈心里可能透过一丝暖意，感到欣慰！

这不仅仅是说了"谢谢"两个字的问题，还是一种文明、文化、礼貌、教养、修养、素养、心态的体现。

哪怕是在家庭里，爸爸妈妈为孩子洗了衣服、煮了饭菜、拿了书包、端了开水，让孩子说声"谢谢"，这就是培养孩子感恩心的开始。别认为这是小事，连这些"小事"都没有，平时连"谢谢"都说不出口的人，在公交车上，人家让了座位，会真诚地说"谢谢"吗？感恩心会好到哪里去？

从感谢到感激，再到感恩，孩子可以做一些力所能及的事给父爱母爱以回报。

上课前、下课后，为老师擦黑板、倒开水，这是学生应该办得到的，是基本的感恩。对父母感恩的"ABC"，就是在尽孝道。

古人有很多关于尽孝道的警句，也流传了许多尽孝道的佳话。特别是曾子曾参，他自己是一个大孝子，同时，他对孝道的论述，在中华优秀传统文化中，成为最具有学术和应用价值的精品！曾子的"修齐治平"的政治观、省身慎独的修养观、以孝为本的孝道观，到现在还深刻影响着我们。

在此，我将曾子的孝道观概括如下。

一是奉养父母，虽然他自己生活十分俭朴，但是每餐尽量用酒肉孝敬父母。他说了："父母在，不远游"，他放弃了多次去异地做官的机会。

二是尊敬父母，曾子与父母在一起时不大声说话，做重要的事都尽量请示父母。

三是取悦父母，"耘瓜受杖"的故事就是曾子刻意取悦父母的典型事件。

"忠孝节悌""万恶淫为首，百善孝为先""子不嫌母丑，狗不嫌家贫""尽忠尽孝方为好人"等经典词句既是中华民族的美德，也是世界文明的共同要求。

今天，也许自己的父母没有其他家孩子的父母那样帅气，没有其他家孩子的父母那样有能力、有权、有势、有钱、有房、有车，不能给孩子好吃、好喝、好享受，没有其他人的父母那么多的人脉关系，不能像其他家孩子的父母那样送自己出国留学深造，可能他们的脾气还怪怪的，但是父母就是父母，不会永续、不会再有！

我在2016年的一本书《让生活爱我》中引用并详释了一段话：

"父母在，此生尚有来处；父母去，此生只剩归途。"

有人讲，一个连自己的父母都不孝敬的人，不能想象他会尊敬他的上级领导、爱他的部下！

有人说，一个连自己的父母、连单位里的离退休同志，都不关心、都不爱、都不尊重的人，是长不大的。这里的"长不大"，一是说官长不大；二是说不成熟，犹如永远长不大的小孩一样，不懂事。

孩子对父母的一点点尽孝的爱，父母都会看在眼里、记在心里，都会温暖大人的心。

所以有人讲，当自己有了孩子，把对孩子爱的十分之一给自己的父母就很不错了。

孩子也要在乎父母的高兴不高兴，也要在乎父母的情绪情感。父母也是人，也会有七情六欲，也有发脾气的时候，也有犯错的时候，也有需要我们孩子宽容他们的时候，也有需要我们当孩子的人激励他们的时候，也有需要我们替他们考虑的时候。

父母也希望自己的孩子站在他们的角度理解和体谅他们，父母希望孩子的"懂事"，大多数指的是这方面。

父母也需要孩子的爱、真爱，天下的孩子们，要懂自己父母的爱啊！

孩子不要埋怨父母，狗不嫌家贫，儿不嫌母丑。要理解父母为什么要和我们一起学、一起读、一起谈、一起玩、一起交友、一起分享爱、一起制造快乐、一起"疯"。

父母最大的功劳是把我们带到了这个人世间，养育了我们。

儿女对父母尽孝的爱，应该表现在哪里？有人讲了这样一个故事：

> 古时候，有个国王，他有三个儿子，国王很疼爱三个儿子，但不知该传位给谁。最后，他让三个儿子回答如何表达对父亲的爱。
>
> 大儿子说："我要把父亲的功德制成帽子，让全国的百姓天天都把您供在头上。"
>
> 二儿子说："我要把父亲的功德制成鞋子，让普天下的百姓都知道是您支撑着他们的。"
>
> 三儿子说："我只想把您当成一位平凡的父亲，永远放在我心里。"
>
> 最后，国王把王位传给了三儿子。

可见，孩子对父母，大孝在心。孝心孝心，孝要在心，心不孝，不算是真正的孝。

但是心里的孝，还要通过一定的形式表现出来。这个形式，就是行动。大孝在行，要有孝的行为、行动。

父母下班了，孩子可以对爸爸妈妈打一声招呼："爸爸妈妈，你们回来了？辛苦了！"再给爸爸妈妈递上拖鞋那就更好了。

放学了，对爸爸妈妈说一声："爸爸妈妈，我回来了！"

要上学了，对爸爸妈妈道个别："爸爸妈妈，我上学去了！"

"爸爸妈妈，我上班去了。"上班前也可以这样打个招呼。

爸爸妈妈累了，问声好吧！

爸爸妈妈生气了，安慰一下吧！

爸爸妈妈心情不好，理解一下吧！

爸爸妈妈批评我批评错了，宽容一下吧！

爸爸妈妈对我们发出爱的信息和进行爱的举动，孩子要领会其意，接受其情，回馈其爱，享受爸爸妈妈给予的爱。

接受父母的爱，也是对父母的一种孝顺；对父母爱的反馈，也是对父母的一种孝顺；少出些错、少违些规、少惹些事，让父母少为我们操一些心，这也是孝敬父母；多一些主动、多一些自动、多一些自觉，让父母为我们省心一些、放心一些，在可能的情况下，提供给父母为我们骄傲的理由，这也是孝敬父母；工作了，上班了，爱岗敬业，尽心尽责地把本职工作做好，这就是对父母尽的孝道；遵纪守法，多为组织和国家作贡献，这也是对父母尽的孝道；成家了，有孩子了，把孩子教育好，让孩子成人成才，这是对父母的大孝顺；立业了，远离了，打个电话给父母，发个短信给父母，发个电邮给父母，寄封平信给父母，报个平安，问声好，免得父母牵挂，也是对父母尽孝道。

孩子要养成问候爸妈的好习惯，儿女和爸爸妈妈的情是系的，心是连的。打电话、发短信问候一下，情就系上了，心就连上了，不会断。

和同学、同事、恋人都可以煲电话粥、寄贺卡、发短信、刷微信、发红包，乐此不疲，但是，小孩子、大孩子，再忙再累，给自己的父母也打打电话、发发短信、寄寄贺卡、发发红包，总还是可以做到的，这只是举手之劳啊！

平平淡淡才是真，平平常常也是孝！

有时间，多回去看看老父老母，人老了，可是看一回算一回呀！看一回多一回，也少一回！

空巢老人最喜欢听的不是当红歌星的歌声，而是儿女的敲门声。这敲门声就是孩子在尽孝啊！

回家看父母尽孝道，很好的方式是陪父母聊天，天南海北，特别是聊一些趣事，还可以给爸爸妈妈讲一些故事。小时候，父母为我们讲故事讲了"一千零一夜",作为孩子,我们长大了,我们也可以为老了的父母讲"一百零一夜"的故事,其实,他们是很喜欢听的。

接受别人的爱也是在爱别人;接受父母的爱,也是在对父母尽孝道!有人说,爱父母,孝敬父母,还要学会接受父爱、母爱,包括他们给我们的一些我们难以理解的爱、一时半会儿接受不了的爱。

例如,孩子们就要学会接受父母的唠叨,还要习惯听父母的唠叨话。什么叫母爱,其中一个答案,就是唠叨。接受这种母爱也是一种孝顺,也是一种感恩!

孩子的感恩心和感恩举动的表现,不仅仅是孝顺父母,还会在其他很多方面表现出来。

因此,孝敬、孝道以及孝顺有另解:在法律和道德的大前提下,做父母希望做的事,不做父母反对的事。

怎样更好地修炼自己的阳光心态?怎样通过提高自己的感谢心、感恩心来提高情商,方法很多,建议有时朗诵一下现代已故诗人汪国真的一首名为《感谢》的诗,我是朗读过多遍,这首诗净化了我的心。

> 让我怎样感谢你
> 当我走向你的时候
> 我原想收获一缕春风
> 你却给了我整个春天
> 让我怎样感谢你
> 当我走向你的时候
> 我原想捧起一簇浪花
> 你却给了我整个海洋
> 让我怎样感谢你
> 当我走向你的时候
> 我原想撷取一枚红叶
> 你却给了我整个枫林

让我怎样感谢你

我原想亲吻一朵雪花

你却给了我银色的世界

二、宽容心

修炼阳光心态，非常重要的是要修炼宽容心。

宽容，即宽恕、能容人。

与宽搭配成词的很多，如宽容、宽大、宽广、宽阔、宽宏、宽恕、宽厚、宽泛、宽绰、宽慰、宽松、宽裕、宽限、宽赦、宽敞、宽带、宽边、宽频、宽心、宽宥、宽待、宽余、宽畅等等。

与容搭配成词的也很多，如宽容、包容、涵容、兼容、扩容、容量、容许、容让、容纳、容受、容下、容错、容忍、容得、容留、容身等等。

人们发现，除了个别词如"纵容"外，宽和容组成的词基本上都是褒义词。

而把"宽"与"容"两个字组合起来，应该是褒义词无疑了。

人们一提到宽容，都会往好处联想。

为什么要宽容？它是阳光心态、积极心态、好心态最基本的表现。阳光心态的人宽容，宽容的人的心态是阳光心态！

宽容是各种人士的基本素养，是为人处世的法宝。

宽容，是一种能够从"小我"走向"大我"的高尚精神！

宽容是一种能力，它力量巨大，"宽容胜过百万兵！"

"将军额头可跑马，宰相肚里能撑船"，就是这个意思。

一个人，你能当多大的官，很重要的就是看"你肚子里能容得下多少人"。

能容得下 10 个人，你可以当班长；

能容得下 30 个人，你可以当排长；

能容得下 100 个人，你可以当连长；

能容得下千军万马，你就可以当将军、当元帅了！

宽容是一个人，特别是一个领导者成熟的标志。

天容万物，海纳百川，有容乃大。

这里的"大"，既是指大事业、大成就、大作为，也是指有宽容之心的人，官才"长得大"。

所以有人说，世界上最宽阔的是海洋，比海洋更宽阔的是宇宙，比宇宙更宽阔的是我们的胸怀。

人们常说："山外有山，天外有天，人外有人，唯有心境无限，可以包纳一切。"

能够宽容别人，是有情商的表现；会宽容，宽容的度把握得好，是有智商的表现。宽容是典型的阳光心态，智商情商相结合，手拉手！

有一首诗，我们动了几个字，用重庆话读起来才押韵：

> 面前路径毋令窄，
>
> 路径窄时无过客。
>
> 无过客时径路荒，
>
> 满地荆棘前途黑。

是的，面前的路太狭窄了，就没有人和车路过，门可罗雀，冷冷清清，久而久之，路上就会长杂草，就荒芜了，还要长刺，前途就没有光明，是一片黑暗。

如果道路宽阔，很多人和车就路过、通过，门庭若市，车水马龙，热热闹闹，呈现一片光明的景象。

这个"路"，既是水泥路、柏油路、公路、铁路，更是指一个人、一个组织、一个城市、一个国家的发展之路、交友之路、人脉之路、心脉之路，是一条光明之路，是一条阳光大道！

宽容是什么？是将心比心地理解，是理性地换位思考，是接纳别人的不足和过错。

一名演员的逸事：

少数民族青年歌手蒲某，人长得帅，歌也唱得好。有一次，在电视上接受主持人的采访。

主持人问："听说你在与演员李某某拍拖，是这样吗？"

蒲某某说："没有那回事。"

主持人说："有的报纸都登载了！"

一开始，蒲某某愤恨那些小报记者，但是，后来他却心平气和地说："其实，那些小报记者也要生活！"

正好我们偶尔看电视看到这一段，我们很感慨，把它叫作"蒲某某式的宽容"。

很多人可能都曾经遇到歌手蒲某某的这种情况，在气愤之余，运用并学一下"蒲某某式的宽容"，也可能是阳光心态的一种修炼呢！

宽容是什么？宽容是一种美德、层次、能力、学问、艺术、风度、风范、气度、胸怀、境界，宽容是仁爱的光芒、生存的智慧、生活的艺术、精神补品，是对别人的释怀、对自己的善待，宽容是力量和自信的标志，宽容是典型的阳光心态！

宽容是什么？是一种很好的养生之道，是长寿的秘诀。

有一个机构调查了60位百岁老人，试图找到长寿的秘诀。他们有这样几组对话：

"请问，您吸烟吗？"

"不吸烟！"

看，吸烟有害健康，不吸烟者长寿！

"请问，您吸烟吗？"

"吸烟！"

哦，吸烟也能长寿。

"请问，您喝酒吗？"

"不喝酒！"

看，不喝酒才长寿！

"请问，您喝酒吗？"

"喝酒！"

哦，喝酒者也长寿。

"请问，您运动吗？"

"运动的！"

看，生命在于运动，运动者才长寿！

"请问，您运动吗？"

"不运动的！"

哦，生命在于静止，那乌龟、王八少运动，可活千百年呢，不是说"千年的王八万年的龟"吗？

这个机构暂时没有找到长寿的秘诀，个体差异太大了。后来，这个机构终于找到了长寿的两条"秘诀"：

第一，自信。被受访的长寿者无一不对自己的未来，甚至对社会和国家的前途命运充满信心。毛主席曾写过这样的诗句："自信人生二百年，会当水击三千里。"

第二，宽容。他们发现，这60位百岁老人，无一例外都是心胸宽阔之人，而且对人宽容，不是那种小肚鸡肠之人。

这是一个实证！

宽容者长寿，不仅仅是指自然寿命，而且还指职业生涯寿命和领导生涯寿命。宽容的职场中人，事业顺利，事业有成，职业生涯寿命延长；宽容的领导，会振臂一呼，应者云集，领导寿命延长！

其实，什么人都应该有宽容之心。

第七章 努力提高情商素养（下）

宽容什么？容人之长、容人之短、容人之对、容人之错、容人之怨、容人之仇、容人之卑、容人之傲、容人之私、容人之爱、容人之失败。

如弥勒佛前的对联：大肚能容，容天下难容之事。开口便笑，笑世间可笑之人。

2008年8月，在湖南长沙举行的金鹰节开幕式上，央视著名主持人董某在唐国强朗诵完毛主席的《七律·长征》后，即兴发挥："主席长征中的另一首诗也非常好：'雄关漫道真如铁，而今迈步从头越。'"

这段话在网上引起了激烈的争议。有人撰文《金鹰节上，董某不识诗与词》，认为董某的错误不可原谅，甚至说"姑息董某无异于犯罪，是'国学沦丧'"。

但是，更多的网友认为，董某只是一时口误，应该宽容。大约七成以上的网友主张宽容。余秋雨说："多大的事，值得炮轰？"

词，是文体名，古时又称诗余，诗歌的一种。诗与词有差别，但密不可分，主持人董某把《忆秦娥·娄山关》说成是一首诗，有错，也不是什么不可原谅的大错，说毛泽东是伟大的诗人，并没有人说毛泽东是伟大的词人、诗词人。

我们赞成宽容一些为好！

女名笑星宋某与名演员濮某某配过戏，深感濮某某表演艺术水平高，更佩服濮某某的人品。濮某某也是我最喜欢的几个当红男演员之一。他有一句名言，我读过上百遍了：

"各种有缺点、有缺陷的人都有权利生活在这个世界上，他们有权利让自己生活得更好。你无法要求每个人都那么无私、那么完美。"

濮某某这段话，不仅仅展现了他的宽容，更体现出他的阳光心态多么灿烂！

名演员濮某某是关爱艾滋病患者的公益形象大使，他为艾滋病患者做了很多义务的、有益的工作！

哲学家卡莱尔说得好："伟人往往是在对待别人的失败中显示其伟大。"

怎样对待？很重要的就是宽容别人的失败！

股神巴菲特有一句名言："只有当潮水退去时，才知道谁在裸泳！"同样，只有当别人有错误、遇到挫折时，正确对待他，才知道谁的心态阳光！

毛主席曾经说过："不但要团结和自己意见相同的人，而且要善于团结那些和自己意见不同的人，还要善于团结那些反对过自己并且已被实践证明是犯了错误的人。"如果不宽容人，怎能团结？

英国的前首相迪斯雷利，有一次在回答他为何会任命一位批评他最厉害的人担任高官时，说了："我从不想以报复人来增加自己的麻烦。"

美国总统林肯的宽容哲学也是这样的："我决不让任何人把我的灵魂拉低到仇恨的阶层中去。"林肯的宽容思想和行为，与他母亲对他从小的教育和影响关系很大。

管理界有X假说和Y假说之争，其实，中国几千年前就有人性本善、人性本恶之争，一直没有一个定论！

我们比较赞成美国行为科学家埃德加·沙因关于复杂人、权变人的看法，也就是X理论并非一无是处，Y理论也不是普遍适用。人是那么复杂，不能一言以蔽之就是善，不能一言以蔽之就是恶。

"人的一半是天使，人的一半是魔鬼"；大善之人可能有小恶，大恶之人可能有小善；善中有恶、恶中有善；好人不是每时每刻都好，坏人不是每时每刻都坏。

莫尔斯、洛希的超Y理论则认为：没有什么一成不变的、普遍适用的最佳的管理方式。

正如人们常说的："人是发展变化的，不要把人看死了。"

每个人都有不足之处，每个人都可能犯错误，每个人都有善恶两面，每个人都希望得到宽容，每个人都应该宽容别人。

我在《培养高情商孩子：言传、身教、环境好》一书中写道，父母特别要宽容自己的孩子，领导要宽容自己的部下。

我在书中有这样一段文字："父母对问题孩子要充满信心，明知难救也得救。"

医生要有医德，父母也是医生，父母充满信心地救孩子，既是"医德"，更是"父德母德"。如果做父母的对孩子都失去信心了，谁还会对孩子有信心？如果父母真的对孩子的教育失去了信心，这只是表象，真正失去的不仅仅是信心，可能失去的是对孩子的爱、真爱；发展下去，父母就会对孩子撒手不管了，这就是父母的不负责任了，最终可能完全地失去孩子。如果失去对孩子教育的信心，这恰恰是父母的错，父母的这种过错真是不可原谅、不可宽容的了！

要相信孩子，相信他心底里终有善心，终有改正之心，终有悔悟之心，终有醒悟之时。

"没有教育不好的孩子，只有无能的父母。"这话说得过了些，改一下："没有教育不好的孩子，只有想不到的办法。"

"在任何情况下父母都应该宽容孩子"，这是父母的天性，父性、母性，是爱性，是永恒的信条，是不变的真理，是真正的阳光心态和高情商。

没有不可宽容的孩子，只有不愿宽容的父母。要知道，"孩子就是为了犯错才来到人世间的"，孩子可能伤透了我们当父母的心，但我们做父母之人，不能伤孩子的心。

宽容后要想办法教育孩子。埋怨一千句，不如想一个办法。

孩子的过错，特别是一再犯错，父母哪有不生气的，哪有不情绪激动的，父母也是人，他们也有七情六欲，正常的情绪反应是有的。

当然，父母的情绪反应尽量要在可控的范围内。

当父母和孩子的情绪都正常后，接下来就是想办法教育孩子了。

办法总比问题多！

父母要教育孩子认识和改正自己的错误，特别是要与孩子一起分析这种行为是不是一种过错，要达成共识，因为不少孩子感到委屈的是，他们并没有认识到自己的行为是一种过错。

要与孩子一起心平气和地分析产生这次过错的原因，以避免下次重蹈覆辙，犯同样的过错。

要与孩子一起分析每种过错所产生的不好影响，对他人的伤害，对自己的伤害，特别要分析对孩子产生的不好影响，一起弥补因孩子过错造成的损失。

孩子有了某种过错，父母可以对孩子这样说："孩子，我们遇到了困难，看来我们有些麻烦了，我们一起想办法解决它好不好？"这时孩子心里一定会感激父母。

"孩子，爸爸妈妈建议你今后这样做好不好？"

"孩子，我要是你的话，我将这样做，你看行不行？"

父母对孩子，不是一味指责，而是建设性地批评，它的主要功能在于指出孩子在当时的情况下应该做什么和不应该做什么。

建设性的批评是有益的，它不涉及孩子的人格，只是指出如何摆脱当时的困境，就事论事，没有攻击人身。建设性地批评也是宽容孩子的一种重要形式。

有一位儿童教育专家讲了一个"牛奶海洋"的故事，它与我在《百家讲坛》讲的"水杯"的故事的意义是相同的，这里，我们借用并演绎一下这位专家的故事。

一个小孩从冰箱里端牛奶出来喝，不小心把牛奶罐打翻在地，把牛奶也泼了一地，孩子吓坏了，生怕母亲出来打骂。

显然，孩子犯错了。有的母亲不是宽容孩子，而是打骂孩子。母亲见满地都是牛奶，对孩子先是"刮风闪电"，然后"响雷下雨"，发怒后又是难听的骂语："谁叫你去端牛奶的？逞什么能？要喝牛奶叫爸爸妈妈不行吗？满地是牛奶，你给我舔干净！"

结果可能是什么？孩子当然不可能去舔干净，但是孩子今后在很长时期内可能都不去端牛奶了，要么就不喝，要么就一个劲儿地叫爸爸妈妈端给他喝，孩子"等、靠、要"的习惯可能就这样养成了。

情商高的、有宽容心的妈妈闻声而出，见到满地的牛奶和吓坏了的孩子，没有打骂孩子，但是，却惊叫了起来："哇，我的儿子真能干，居然创造了这么壮观的一个牛奶海洋，儿子，我们俩一起来欣赏一下你的杰作。"

孩子放心了，妈妈不打骂我了。于是，母亲和惊魂未定的孩子一起欣赏牛奶海洋了。

"这是印度洋，这该是大西洋了……"

"孩子，牛奶海洋我们已经欣赏完了，我们一起用拖把把牛奶海洋消灭掉好吗？"

孩子可能笑了，跟妈妈一起把满地的牛奶打扫干净。

只见妈妈把牛奶罐装满水，放在冰箱里，让孩子再端出来一次，并且教孩子手怎么放、眼睛看哪里、怎样迈步。也许孩子还会不小心把牛奶洒到地上几次，但到最后，孩子学会端牛奶出来了，不会不小心洒到地上了，孩子在其他的事上也自立自强了。

宽容孩子后，教孩子怎样少犯、不犯同类错，这是有深度、有广度地爱孩子。

多给孩子、年轻人一次机会吧！再给犯过错误的人一次机会吧！

对那些对不起我的人，也要宽容宽恕！

宽恕的"恕"字，上有"如"字，下有"心"字，解字一二：宽容先宽恕，你心如我心，我心如你心！

有一个"六尺巷"的故事，也很有意思：

> 据《桐城县志》记载，清代（康熙年间）文华殿大学士兼礼部尚书张英的老家，家人与邻居吴氏在宅基地的问题上发生了争执，两家大院的宅地都是祖上的产业，时间久远了，本来就是一笔糊涂账。两家争执起来，纠纷越闹越大，张家人飞书京城，希望张英"摆平"此事。

张英阅过来信，挥起大笔，写了一首诗：

"千里修书只为墙，让他三尺又何妨。万里长城今犹在，不见当年秦始皇。"然后，命人把信快速带回老家。家里人见书信后，遂将垣墙拆让三尺。

张英一家的忍让行为，让邻居一家人感动得热泪盈眶，全家一致同意也把围墙向后退三尺。两家人的争端很快平息了。两家之间，空了一条巷子，六尺宽，有张家的一半，也有吴家的一半；这条巷子虽短，留给人们的思索却很长。于是两家的院墙之间有一条宽六尺、长100米的巷子，"六尺巷"之名由此而来。

"六尺巷"故事流传甚广，脍炙人口。

据说20世纪50年代后期，毛主席接见苏联驻华大使尤金时，曾引用张英的这首诗。

2008年2月21日，国务院副总理吴仪来桐城视察，在与讲解员谈到即将视察的六尺巷时，吴仪风趣地说："我知道六尺巷的故事，那时的吴家做得不太好。"这话引得周围人笑声一片。

在六尺巷视察时，吴仪对六尺巷的一草一木、一砖一石都看得非常仔细，离开时，吴仪很严肃地说："六尺巷的故事告诉世人：大度做人，克己处世。"

这条巷子现存于桐城市城内，作为中国文化遗产，是重点文物保护单位，是中华民族和睦谦让美德的见证。

六尺巷已经是桐城古城的旅游景点，2007年4月，"桐城文庙——六尺巷"成为国家AAA级旅游景区。到安徽桐城去的游客，参观六尺巷是必备项目。

宽容有错之人尚难，宽容那些对自己不好，甚至加害自己的人，实属不易！

浙江台州国清寺也有一个传说，两个僧人有一番对话：

寒山问拾得："世间有人谤我、欺我、辱我、笑我、轻我、贱我、恶我、骗我，该如何处之乎？"

拾得答道:"只是忍他、让他、由他、避他、耐他、敬他、不要理他,再等几年,你且看他。"

这里的"你且看他",不是说"看他有什么好下场",而是说看他对你的态度,很可能使他有重大转变。就是没有转变也没有什么关系,也要泰然处之,也要对他好。

有一位学者这样总结了宽容,与拾得之言相似:

感激伤害你的人,因为他磨炼了你的心态;

感激绊倒你的人,因为他强化了你的双腿;

感激欺骗你的人,因为他增强了你的智慧;

感激蔑视你的人,因为他觉醒了你的自尊;

感激遗弃你的人,因为他教会了你该独立;

凡事感激,学会感激,感激一切使你成长的人!

这种感激,当然是以宽容为前提的,是以有阳光心态为基础的。

怎样宽容?"千锤百炼修炼宽容心!"

不苛刻、不挑剔、不训斥,最重要的是与人为善。

一名善良宽容的领导,是部下之福!

不姑息、不纵容、不放任,不要把宽容与不讲原则性混为一谈。

有道是,宽容大度,不是无边无际;慈悲为怀,不是善恶不分。

有道是,宽有度,严有章,宽严相济。

怎样宽容?特别要去掉报复心态。这一点对于领导人,特别是"一把手"领导非常重要。

有人戏说:"什么是'一把手'领导?定义很多,其中之一是:'最能报复人的人'。"

但我要说:"'一把手'领导就是最不能报复人的人。报复人的'一把手'领导,群众有意见,领导生涯不会长,谁还愿意跟他干活?"

"他对我有意见是他的权利,我对他的宽容是我的权利。"我在演讲中多次如是说。

要学会"得理饶人",大事讲原则,小事要灵活。

人们说,眼睛里掺不得半点沙子。其实,做人啦,特别是做领导的,做"一把手"领导的人,眼睛里面就是要能够掺得了沙子。正如乾隆皇帝说过:"不聋不瞎,不能当家。"这里的当家,可能就是指的"一把手"领导。

怎样宽容?特别注重"宽容后"。

当你宽容了别人之后,将怎样对待别人、对待自己?

当你被别人宽容之后,将怎样对待自己、对待别人?

"宽容后"集中体现了情商和心态!

三、欣赏心

欣赏,欣与赏。

欣,喜悦、爱戴,有欢喜、高兴之意,欣欣向荣、欣喜若狂。

赏,赏析、赏识、赏玩、赏光,也是在一种好心情下产生的行为。欣赏、领略、玩赏、赞赏、鉴赏,是指人们用审美的心理、用审美的眼光,对客体景物进行细致入微的观赏和体味;就是在一种健康的好心情下进行的一种对别的人或事物满意性的赞许行为。

愿欣赏、能欣赏、会欣赏,是阳光心态的表现;只有心态阳光的人,才能真正拥有一颗欣赏心。

正如培根说的:"欣赏者心中有朝霞、露珠和常年盛开的花朵;漠视者冰结心城,四海枯竭,丛山荒芜。"

陶渊明说得好:"奇文共欣赏,疑义相与析。"也就是说,哪怕是奇谈怪论的东西,也可以欣赏,至少可作反面教材。

欣赏心是一个人素养、素质、能力的重要方面。欣赏是一种给予、一种尊重、一种沟通、一种信任与祝福。欣赏别人，成就自己。

对一幅画、一堂课、一段音乐、一个段子、一段妙语，要欣赏，才有味道；对环境、对自然、对一个人、对一个城市、对一个地区、对一个国家、对一个民族、对一段历史，要欣赏，才有收获；对孩子、对学生、对患者、对乘客、对客户、对服务对象、对部下，也要欣赏。

因为欣赏，才会亲近。因为欣赏，才可能相知，才可能成为知音。

会不会被别人欣赏，是对自身品质的一种检验；而学会欣赏别人，是对自身品质的一种提升；对于被欣赏者来说，被别人欣赏则是一种引导和激励。

能够欣赏高品位的东西，经常欣赏一些高品位的东西，久而久之，自己就有了品位；自己有品位，才可能欣赏有品位的东西。

这个人、这个风景，只有欣赏，他（它）才美丽，才可爱，才有价值。

让我们欣赏一下网上的一位无名学者对欣赏的散文诗般的赞美：

"欣赏是一种享受，是一种实实在在的享受。无论何时何地，你学会了欣赏，你便收获快乐，收获温馨。懂得欣赏，你的心情便永远阳光灿烂。

"欣赏是一种情怀，是一种博大高雅的情怀。没有爱心的人，不懂得欣赏；缺少情趣的人，不知道欣赏。

"欣赏是一种幸福，是一种少数人才能享受到的幸福。大千世界，芸芸众生，自以为是者多，懂得欣赏别人者少；欣赏产生幸福，幸福需要懂得欣赏。

"欣赏是一种学习，是一种真心实意的学习。生活里，每个人都有每个人的优点，每个人都有每个人的弱点。学会欣赏，就要时刻看到别人的优点，让别人的优点自觉地成为自己的优点。久而久之，你便自然成为一个优秀的人；优秀的人，自然也懂得欣赏。

"欣赏是一种态度，是一种发自内心羡慕的态度。当你读到一首清新流丽、情味隽永的小诗，看到一幅别有格调、神韵悠然的国画，你不可能不激动，你不可能不羡慕，除非你是傻瓜。此时，羡慕无需理由。

"欣赏是一种风格,是一种独特自在的感悟风格。纷繁世界,无奇不有:有山有水,有花有草,有风有雨,时时刻刻,变幻无穷。懂得欣赏,便懂得感悟;感悟越深,生活得越滋润,越轻松;轻松滋润的生活便是至高无上的生活,既然知道无上生活的秘诀,为何不学会欣赏?利人利己的欣赏,应当义不容辞、义无反顾!

"欣赏是一种精神,是一种情高趣雅的精神。蚂蚁有蚂蚁的生活,大象有大象的情调,仙鹤有仙鹤的风姿,虎豹有虎豹的雄态。懂得欣赏,你便懂得生活的真谛;懂得欣赏,你便拥有别人所没有的情调;懂得欣赏,你便也拥有迷人的风姿。

"欣赏是一种力量,是一种与时俱进、自强不息、自我奋斗的力量。人生在世,区区百年,如白驹过隙,若不见贤思齐、脚踏实地、真抓实干、争分夺秒,多做一些有利于人类文明发展的大事、好事,年老时,你就会后悔不迭、悔之晚矣。学会欣赏,你便懂得珍惜,你便拥有更多、奉献更多。

"欣赏是阳光,是雨露,是冬天里的一把烈火;欣赏是玉液,是琼浆,是夏日里的一片浓荫。让我们学会欣赏,让我们温暖处处。让我们学会欣赏,让我们阴凉处处……"

一切皆因欣赏而美好、美丽!一切皆因欣赏而可爱、有价值!不是没有价值,而是没有欣赏的眼睛!

人人都希望得到别人的欣赏,人人都应该欣赏别人!欣赏这个人的外貌、人品、能力、语言、风格、工作、业绩。

一个社会、一个企业、一个团队、一个班子、一个家庭,只有欣赏才能达到和谐,因为相互欣赏而有良好的人际关系,才有良好的人际环境。

看一个人是不是胸怀宽广,有没有格局、格局是大还是小,很重要的一点就是看他是否欣赏他人,又是如何欣赏他人。

一个人如果视同道同事为冤家,看他人一无是处,"看别人总是豆腐渣,看自己总是一朵花",最终自己也难有大的作为。

第七章
努力提高情商素养（下）

只有学会欣赏别人，才能为自己的发展提供"细雨鱼儿出，微风燕子斜"般和谐的人际环境。

大家都有欣赏心，就能"建立一种平和、平等的关系，排除误解和不信任，通过呼唤真诚与宽容，从而以人性的暖色、人文的关怀，强化他人，升华自我。因此，欣赏他人是一种自动力、活力和影响力"。

今天，我们总是感到没有人才，其实，中国最缺的是人才，最不缺的也是人才，根本的问题在哪里？在是否使用。人才，人才，用之为才，使用才有价值。只要不用他，他就不是人才。

我在作"人力资源开发与管理之用人"的演讲时讲道，如果现在把所有的副科长都提拔为科长，95% 的人可能会干得好；把所有的科长都提拔为副处长，95% 的人可能会干得好；把所有的副处长都提拔为处长，95% 的人可能会干得好，如此可类推，结果是什么？就算是三个月干得不好，半年后也会干好的，"王侯将相宁有种乎？"

谁天生就是当领导的料？人才、真正的人才，都是在使用中、在实践中成长起来的。

在基本条件具备的前提下，要大胆使用干部。人才怎样使用？欣赏方可用！如果对一个后备干部横挑鼻子竖挑眼，不去欣赏他的优点，是没有一个人能够用的。在使用中成才，这本身就是对人才的一种激励；领导欣赏部下，更是激励成功的法宝。

当然，员工也要欣赏领导，这是当好部下的艺术。

欣赏他人，需要具有宽广的胸襟和无私的勇气，也是一种智慧和艺术。

"欣赏他人，可以是出自爱才之心、容才之量，也可以是助人之难、解人之惑。有的时候，这种欣赏会在不知不觉中改变他人的人生轨迹。"

欣赏是一种理解的延伸，是一种知性的壮美，是一种激励的本领，是一种无穷的力量。

有欣赏之心，是情商；会欣赏，有欣赏的方法和艺术，是智商。将智商情商结合起来，手拉手，就真正有欣赏心了，心态就很阳光了。

一个班子、一个团队、一个家庭，往往由于一些人个性、工作作风、行事风格、生活习惯不同，会产生一些分歧，甚至是矛盾。

特别是近些年，我国的离婚率比较高，不少夫妻是以"合不来"为理由而分开的。如果相互欣赏，如果大家的心态都阳光一些，大多数家庭的夫妻是不会分开的！

有一个非常经典的案例供读者们欣赏：

2004年，82岁的诺贝尔奖获得者杨振宁教授与28岁的学翻译的硕士翁帆女士结为伉俪，传为佳话。

但是，82岁与28岁，两个人在一起"合得来"吗？

看一看翁帆女士曾经怎么说："他知道的电影和明星我不知道，我知道的他又不知道。经过几年的生活，我们慢慢学会欣赏彼此。"

对的，就是要学会欣赏彼此。差异太大的夫妻双方彼此欣赏，逐渐磨合，最终达到"合得来""合得好"。

夫妻相互的这种欣赏，以欣赏的态度、心态和眼光，走完漫长而又短暂的一生，不也是在"鉴宝"吗？不就是享受人生吗？

岂止夫妻双方的欣赏！我们生活在一个五彩斑斓的世界，在这个世界里不光有着美丽的风景，同样也有着不同个性、不同气质、不同人格魅力的人。在漫漫的人生途中，你会相识、相遇、相知很多的人。

不同的人身上有着不同的品质及魅力，欣赏、喜欢和爱，便成了我们最难把握的尺度，也是人生的一个重要的组成部分。

树叶有千万片，可能有相似，但不会是相同；人有千万种，不一定都要相爱，不一定都要相守，不一定都成为一家人，但却应该学会彼此欣赏！

在中国，两个人在一张桌子上吃一顿饭，也只有十四亿分之一的概率，更何况在一个家庭里相亲相爱呢？在一个单位里共事呢？在一个微信群里成为微信好友呢？

相遇、共处是缘分，欣赏彼此更是一种比较深的缘分！

优秀的人身上会散发着诱人的光彩，他不仅吸引你，同时也吸引着和你同样有着欣赏能力的人。

不优秀的人、平平常常的人，他们的身上也有一些值得你去欣赏、去挖掘、去发现的东西，它最考验一个人的欣赏能力。

美丽的风景，它的存在不是为了一座山、一条河、一片森林、一片旷野，而是为了整个自然，是为了点缀这美丽的世界，是为了让更多的人去欣赏、去品味，陶醉其间。

优秀人物存在的价值也不仅仅是他本人的优秀，他也是一件宝，让大家去欣赏他的品质和闪光之处；他是一个标杆，让大家欣赏后向他学习。

真心的朋友，也是在欣赏中认识、结交、共患难的；"当你用一种平常的心境去认识一个人、结交一个人的时候，你便会没有了一些私心杂念，你们便可以自由随意地交往，心也会一点点地交融，真正的朋友便会在你欣赏的眼光中向你走来。"

一本好书、一场好的演讲、一台好的戏剧、一部好的影视作品、一场精彩的球赛，一杯清茶、一盏美酒、一处风景、一个宝贝，其价值主要是让人们去欣赏；甚至有人说，一个乖乖的孩子，很重要的价值也是让人去欣赏的。

女人因欣赏而美，孩子因欣赏而乖巧，风景因欣赏而秀丽，部下因欣赏而成长，朋友因欣赏而亲密，夫妻因欣赏而恩爱，作品因欣赏有看点，演讲因欣赏有听点，清茶因欣赏而香醇，美酒因欣赏而陶醉，凡此种种，都是因为欣赏啊！我们应该有这样的心得、心情，应该有这样的心境、心态，应该有这样的品位、层次。

要修炼自己的心态、提高自己的情商，就要学会欣赏，锻炼欣赏素养，提升欣赏能力，提高欣赏水平。

有学者说："茫茫人海，滚滚红尘，回眸四望，欣赏是一道绝美的风景线，一隅人人渴望、四季相宜、风味独特的景观。学会欣赏，你便懂得享受；

学会欣赏,你便拥有快乐;学会欣赏,你便走近幸福;学会欣赏,你便成为一个大写的人!"

只要愿意欣赏就不晚!

任何时候,学会用欣赏的眼光去看待世界,看待你周围的人和事,看待我们这个社会和国家,你便会更坦然地面对一切,你的心态就平和、平静、平衡了,就充满了爱他和自爱,心态就阳光了。

很多东西,虽然你爱它,但不一定要占有它,也不一定要使用它,如果能欣赏它,也是一种福分!

欣赏什么?欣赏领导、欣赏部下、欣赏同事、欣赏家人、欣赏朋友、欣赏服务对象、欣赏客户、欣赏组织、欣赏社会、欣赏城市、欣赏父母、欣赏孩子、欣赏自己、欣赏我们可爱的祖国。

欣赏花草、欣赏树木、欣赏鸟虫、欣赏自然、欣赏环境、欣赏风景、欣赏昨天、欣赏今天、欣赏明天。欣赏一切!

怎样欣赏?用爱心而不是用恨意,用宽容而不是用挑剔。

用宽容的心去欣赏每一个人的优点,你会发现好人还是居多的,世界是很美好的,阳光是很灿烂的,你的心也会很明媚,你的天空也会变得很蓝,你的心胸一下子会宽广起来。

大千世界,林林总总,芸芸众生,什么样的人都有,具有欣赏心的人还是居多!

满怀欣赏心的人、阳光心态的人总是居多;总是挑剔别人的人、心态不一定阳光的人也不少。而有一些人挑剔别人、总是对别人说三道四,而不善意批评、不提建设性意见的人也不少。特别是在网上,有人总觉得反正说了也是不负责任的,于是,什么话都有了。

有一个寓言故事,倒也有趣:

一只蝎子,想到河对面去办事,但是,它不会游泳,怎么办呢?

它看到身边有一只青蛙,很是高兴,请求青蛙帮助自己过河。

"青蛙大哥，背我过河吧，我过河有急事，谢谢您啦。"蝎子说。

"我又不傻，蝎子老弟！你想一想，我背你到河中间，你刺我一下，我会中毒死掉的。"青蛙不愿意。

蝎子连连摇头，说："不会的，青蛙大哥。您想一想，您都帮了我的忙，我怎么会恩将仇报呢？再说啦，我刺了您，您中毒死了，我也会被淹死的，刺您对我有什么好处？"

青蛙觉得蝎子的话有道理："来，我背您过河。"

青蛙背着蝎子到了河中间，蝎子真就刺了青蛙一下，青蛙中毒了，快要死了。青蛙很不甘心，问蝎子："蝎子老弟，您说的不刺我，可怎么还是刺了我？我中毒死了，您也会被淹死，刺我中毒对您有什么好处？我死不瞑目！"

蝎子惭愧地低下了头，说："对不起，青蛙大哥，刺人家一下，这是我的习惯性动作。"

这虽然只是个笑话，但是，我们的身边，在我们的组织里、团队里、整个社会，就有那么一些人，心态怪怪的，总爱刺人家一下、挑刺、找茬、谩骂、攻击。换了哪一位领导，换了哪一批领导出台的政策、决策，换了哪一个人的演讲，换了哪一个人写的作品，他都要说七说八，都要挑剔一番，刺人家一下，从不提建设性善良的建议与意见，总要唱对台戏。有人美其名曰"我这是让领导的决策更科学""我这是独立思考""我这是体现民主自由""我这是持不同政见者"等等！

但是，自己从来就不提一些解决问题的办法。建议这些人要想一想：要是别人也这样对你的一言一行挑剔指责攻击，你有何感想？

发现问题、提出问题固然不容易，但是，最难的应该是解决问题，它也是我们、我们这个社会最需要的！

"一切皆可欣赏，只要常怀欣赏心"，我们有这样的心得。

"我们可能一无所有，所幸还有欣赏心"，我们还有这样的心得。我们可能有各种各样的"一无所有",但是,你还可以欣赏,所幸还有一颗欣赏心!

例如,我们可以欣赏一下月亮,这轮明月可是照过西施、貂蝉、王昭君、杨玉环这中国古代的四大美人的,可是照过秦皇、汉武、唐宗、宋祖和一代天骄成吉思汗的,难道还不值得我们欣赏吗?

今月曾经照古人,古月也在照今人!

要欣赏别人,但不可太自卑。有自卑心态的人,往往是太欣赏别人,太看不起自己了。

要欣赏自己,但不要过度。有的人什么人都看不上、瞧不起,老子天下第一。看不上别人主要是因为太欣赏自己。

不埋怨、不抱怨、不挑剔、不指责,欣赏多于苛求、祝福多于妒忌,多看别人的长处和优点。

努力寻找欣赏点,像鸡蛋里挑骨头、像骨头里挑鸡蛋一样去挑人家的可欣赏点。

我在《培养高情商孩子:言传、身教、环境好》一书中,专门讲了父母和老师如何欣赏孩子。

国外有一位教育家说了:"对于孩子的教育,父母首先要以爱心和热情去努力培养他各方面的能力,要鼓励和赏识他,而不是一味地用责备和打击逼迫他们'听话',因为在威逼和恐惧中长大的孩子只能变成怯弱和焦虑的人。"

孩子的天性是喜欢听好话,而不喜欢听恶言。

孩子们都喜欢鼓励、激励、赏识、欣赏、称赞、赞许、赞扬。孩子做了好事,做了正确的事,父母要抓住时机欣赏孩子,鼓励孩子,尽量激励孩子,从而对孩子正确的、优良的行为产生一种正强化、正激励,使孩子好的行为重复出现。

优秀的父母是永远不对孩子失望的,绝不吝啬自己对孩子的表扬和鼓励。

"哪怕天下所有人最后都看不起我们的孩子,我们做父母的也应该眼含热泪地欣赏他、拥抱他、称颂他、赞美他,为他们感到自豪,这才是每个孩子的成才之本"——这是一位听障孩子的父亲的育子体会。

就算孩子做事、做题做错了,也尽量不要对孩子全盘否定,要想办法鼓励、激励一下孩子,对孩子形成积极情绪而不是消极情绪,是大有作用的。

我在中央电视台的《百家讲坛》讲"智商与情商"这个专题时,曾经引用过"左右手"的故事。

在一所小学里,老师在课堂上提问,同学们都举起了手。有人说,举手发言的踊跃程度与年龄呈反相关关系。老师让举了手的李小全回答。李小全站起来后,"嗯嗯嗯"了几声,说不出话来。老师没有批评李小全,只是说:"同学们,站起来回答问题时不要紧张。"

第二天,老师又提问,李小全和全班同学一样,又举手了,老师又请他回答,与上次一样,李小全站起来后,"嗯嗯嗯"了几声,还是说不出话来。老师没有批评李小全,还是说:"同学们站起来回答问题时不要紧张。"

第三天的情形与第一天和第二天一样,李小全照样举了手,照样是站起来后,"嗯嗯嗯"几声,照样是说不出话来。老师照样是说同学们不要紧张。

第三天下课后,老师把李小全叫到办公室,问他:"李小全同学,我想知道,你回答问题是紧张呢,还是不能够回答问题?"

李小全说:"老师,我不紧张,我的确是回答不了。"

"那你三天都举手是为什么?"老师又问。

"老师,我是看大家都举手,我一个人不举很没面子,反正我也要举手。"李小全又回答了。

老师点点头,略一思考,对李小全说:"小全同学,你爱举手是好的。我们来一个约定,从明天起,老师提问题时,你能够回答问题时就举右手,不能回答问题时就举左手。这是我们两人的秘密。你看好不好?"

李小全高兴地点了点头。

第四天，老师又提问题，李小全又举手了，但是，他举的是左手，老师没有叫李小全回答。

第五天、第六天、第七天，李小全举的都是左手，老师都没有叫他回答。第八天，老师提问后，见李小全举了右手，老师很平静地请李小全回答，结果李小全回答对了。老师并没有刻意表扬他，只是一般性地作了表扬。但是，李小全的眼神与平时大不一样。

第八天下课后，老师又把李小全叫到办公室，对他说："小全啦，不错啊，有进步啊，继续努力！"

一个月过去了，李小全居然举了五次右手，大多数问题都回答对了。

再后来，老师与李小全取消了"左右手"的约定。

显然，这位老师一直在欣赏、鼓励和激励李小全。

显然，这位老师不仅情商高、心态阳光，更难能可贵的是，他在想办法，提高学生的自信心，让学生的心态阳光起来。

崔华芳老师讲过一个故事：

一位父亲是美国一家超级市场的老板，他与儿子之间的沟通基本上是批评，儿子也不愿意与父亲沟通。

后来，儿子负责主管其中一家超市。有一天，父亲去儿子店里视察时，发现这家店竟然在儿子的手中扭亏为盈，越来越多的顾客喜欢到这家店来买东西，也很喜欢他的儿子。

父亲非常佩服儿子的能力，把他叫到一边，说了："你做得太好了，没有人比你更能招徕这么多的顾客！"

没想到，个子高大的儿子听了父亲的称赞后，竟然流下了眼泪，他对父亲说："爸爸，您从来没有称赞过我，我很高兴您对我有这样的感觉。"后来，这位父亲对别人说："这是儿子长大后，我与他第一次真正的沟通。"

看一看，这父子俩都有了阳光心态！

阳光心态，除了仁爱心、宽容心、欣赏心以外，还有尊重心、忠诚心、合作心、激励心、责任心等等。

我在《责任的担当》一书中特别讲到"责任比能力更重要""责任的心态、担当的心态最阳光""持续的责任，持续的担当，永远的阳光"。

第八章 巧用修炼阳光心态的多种方法

有道是，没有不需要修炼的心态，没有修炼不好的心态，每个人的心态都能够修炼得阳光起来、持续阳光起来。

关键看一个人愿不愿意修炼阳光心态，怎样修炼阳光心态，有没有掌握修炼的方法，伟人、平民，老人、小孩，男士、女士，概莫能外。

只要努力修炼，心态都会阳光。

有些人的心态天生就比较阳光，有些人的心态一直就比较阴暗。有人说，心态是有遗传因素的。但是，我们认为，大多数人还是后天形成的，都需要修炼、培养和调整。

心态，有阳光心态、阴暗心态，好心态、坏心态，积极心态、消极心态，健康心态、病态心态，在每个人身上既有共性，也有个体差异。所以，修炼心态的方法也有共性和个性，而且有很多方法，学者们的论述也是见仁见智，人们可根据需要择其适而用之、巧用之。

一、常见的修炼心态的方法

"法无定法"，什么意思？原来是佛教词汇，出自《金刚经》"无有定法"。有人加的下一句是"万法归宗"。

对"法"，就有若干种解读和理解。

其中的一副对联是这样表述的:"世间人,法无定法,然后知非法法也;天下事,了犹未了,何妨以不了了之。"

对于这副对联有人解读为:人们生活处世,如果了解了并没有一定的法则,然后才体会到,其实没有固定的法则就是最好的法则。天下所有烦恼的事情,每个人都有,并且都有很难了却的烦心事,那么不去了却那些事情,也许就是最好的一种了却方法。

我引用"法无定法"之说,是就修炼阳光心态的方法而言的。我认为,每一个人的具体情况不同,心态的状况千差万别,所以,修炼心态的方法,既有相同的固定的,也有不同的变化的。

有人甚至说:"一切的一切,都可以用来修炼心态,只要使用得当"。这里的"一切",可以说包罗万象。

比如读书、写字、喝茶、饮酒、垂钓、唱歌、跳广场舞、写毛笔字、购物、旅游、聊天、散步、运动、冥想、写作、搞乐器、游泳、看展览、看电影、看电视剧、玩游戏、打双扣、摄影、做小视频、演讲、唱戏、演戏、表演、朗诵、写小说、写小诗、写小散文、网聊、画画、思考、冥思、观车河、驾车、陪父母、陪儿女、讲故事、听故事、听演讲、听书、做义务、做慈善、打太极拳、帮助别人、做好人好事、找人倾诉、找人说知心话、真心沟通、参加公益活动等等,几乎一切,都可以用来修炼。

不一定要那么正式地说:"我今天开始修炼阳光心态了,你们瞧好吧!"这样,可能是有心栽花花不开!

修行何必到庙里,一言一行皆修之!

有的事,看来是小事,不起眼,可能不经意、很随意,就能把心态给修炼好了。

当然,我们也提倡,在不经意而随性修炼的时候,如果多用心,掌握一定的方法,做修炼阳光心态的有心人,也无不可。

举几个生活中的修炼阳光心态方法的小例子:

1. 写毛笔字

有人说，大多数书法家的心态都比较好，因为他们写书法时，凝心聚气，心无旁骛，修了心，养了气！

我喜欢写毛笔字，写出来的字，不能算书法，经常是在水写布上写。当我拿起毛笔写字时，就会比较专注，也有了凝心聚气之态，挥洒自如，自成一体，字体飘逸，完全是供自我欣赏的。而且，我的茶室、书苑、避暑房、避寒房，几乎都挂满了自己写的、装裱好的毛笔字，自我欣赏，给自己以信心，这不就是自我修炼心态吗？

重庆大学的官玉安老师，书法到了相当高的境界，但是，他仍然坚持天天挥毫泼墨，甚至经常用大扫帚在广场上写，专心专注，我认为，这是在修炼阳光心态。

重庆大学原党委常务副书记赵女士，是我大学时的同班同学，2024年1月中旬我和夫人到她家里去串门。她说，2023年8月，76岁的她，用了半年在网上学画国画，半年来画了200多幅，挂满了整个屋子。我们看她的精神状态很好，自信心满满，这与我写毛笔字挂起来是一样的，通过这些业余爱好修炼心态！

2. 垂钓

我从小就喜欢钓鱼，孩提时是在河里野钓，水质好，鱼多。后来读大学了、工作了，垂钓的时间少了。退休后，有了闲暇时间去垂钓了。没有什么野钓的技术，而且大江大河都禁渔了，主要是在人家喂养的鱼塘里钓鱼，基本上是同夫人一起去钓。其实，能否钓到鱼、钓多钓少都不重要，关键是去钓鱼时，寄情山水，放松身心，专注浮漂，享受大自然的清新空气。而且，垂钓会让自己更有耐心，不急躁，人们常说："钓鱼要等得，还要饿得。"当钓到一条鱼时，手拿鱼竿遛一下鱼，心里面别提有多快乐。而且，垂钓远比吃鱼要快乐得多。这也算是在修炼自己的心态吧！

3. 运动

适度适量的运动，有益于身体健康，同时，也是修炼心态的一种好方法。

比如游泳。我少小时去江苏老家待了两年，学会了游泳，主要是"侧泳"。成人后、老年后，一直到现在，都喜欢游泳。平时在恒温游泳池里游；到海南三亚避寒时，在小区室外游泳池游；而且经常到海里去游泳。我在游泳方面，应该是坚持得比较好的！几十年的游泳经历，我尝到了甜头：锻炼了身体，强大了心肺功能，特别是对肺活量有好处；尤其是对我这种痛风病人，游泳锻炼身体特别好；而且对于老年人，游泳不会损伤关节。其实，我通过几十年的游泳还感觉到，游泳对于人的意志、耐力、心态、精神放松等等，都很有好处，我会继续坚持游下去，"能游则游尽量游！"

又比如打乒乓球。我年轻时喜欢打篮球，那也是很好的锻炼方式；但是，随着年纪变老，篮球打不动了，就打乒乓球，不需要那么强的体力，全天候都可以打，不需要那么多的人，而且，特别锻炼眼力劲和手脚，以及大脑的反应力，也能休闲放松，修炼身心。

有人在网上发了一个视频，收看后觉得有一些意思："长期打乒乓球的人，不但有益于身心健康，而且全身散发出与众不同的优点：走到哪里，总被别人欢迎。主要原因在于：一是打乒乓球的人为人实在，因为练习打乒乓球，必须扎扎实实地练，没有捷径，不玩虚伪。二是处事大方，因为比赛时，都是通盘考虑全局战术，不会斤斤计较。三是通情达理，他们在比赛时严格遵守乒乓球规则，而在练球时主打一个开心，这种特事特办的作风修炼成了他们特有的品格。四是打乒乓球的人善解人意，平时打球时，为了能让对方多打几个回合的球，总努力把球送到对方舒适的位置，总为别人着想。五是打乒乓球的人乐于助人，在遇到技术难题时，球友们都会乐于交流指正，比赛时则加油助威。六是比赛场上争个你输我赢，但比赛结束后，还要握手，甚至拥抱。"那就多打打乒乓球吧！

还有，比如散步、打太极拳、跳广场舞等等，选择自己喜欢的、又适合的运动方式，既锻炼了身体，也可以修炼心态。

4. 陪老父母

我的父亲在 1989 年就逝世了，当时，母亲才 56 岁。

我有两个姐姐和两个妹妹。母亲 70 多岁时，跟我长住在一起。

平时，我就经常陪老母亲在小区散步，陪老母亲吃饭、看电视，只要有时间，就陪陪老母亲。

2020 年 3 月，老母亲患了脑梗的病，就不能在小区散步了，不能独立行走；大脑反应力迟钝，生活处于半自理状态。于是，我就经常搀扶着老母亲在过道、客厅来回走路，有时用轮椅推着老母亲在小区走一走。

我发现，只要陪着老母亲，只要搀扶着老母亲在过道或客厅走几步，我的心就特别宁静，就是有什么烦恼的事也忘却了。其实，多陪伴父母，也是修炼阳光心态的一种很好的方法呢！

5. 培养兴趣

孩子少小时，要注意培养孩子的多种兴趣，包括学习的兴趣在内的其他多种兴趣。常言说得好："兴趣是最好的老师。"

其实，一个人具有多种兴趣爱好，对心态的修炼是很有好处的，特别是老来之人，多一些兴趣爱好，可以排除寂寞，去除孤独，融入群体、融入社会。

当一个人对什么都不感兴趣时，他的心态真的就出了问题。

我的一个大妹夫，田先生，退休了，他本来就有写书法、摄影、做小视频的兴趣，后来，迷上了蹭我的演讲，听了一两百场。再后来，他又迷上了写打油诗，还经常同我一起打乒乓球、垂钓、旅游、打扑克牌等等。由于大妹夫的兴趣爱好比较广泛，所以，他的性格蛮好、心态蛮好，脸上经常带着笑容。

生活中、学习中、工作中还有一些小方法，其实，它们对修炼阳光心态都是有一定作用的。

二、用读书修炼阳光心态

读书与心态、与阳光心态有密切的关系。我思考了一下，认为有三个方面的主要关系。

（一）用好心态去读书

谈到用好心态去读书，言下之意，有的人读书的心态就不怎么好。

什么是读书的好心态？

1. 好心态的人一般都喜欢读书

喜欢读书的人，外表看起来儒雅、文雅、优雅，长久读书的人，会给人一种彬彬有礼的感觉、一种用语言可能难以表达的"书卷气"、一种遇之便觉得舒服的感觉，产生一种特殊的吸引力、亲和力、影响力。

从内在看，读书会让自己的心态逐渐阳光起来，会让自己内心更加强大，让自己的心理更正常、更积极、更健康，让自己的生命力更旺盛。

2. 怎样看待"功利性的读书"

我认为，不能一概而论否定读书的"功与利"。

单纯地讲功和利、功利，也不是坏事。读书，是为了人生的成功和获得更多的利益，创造更多的有利于社会的利益，从这个角度讲，读书的功与利也有一定的可取之处，不能认为这种读书心态就不好！

古往今来，父母们、长辈们、圣贤们、官方人士，要人们读书、用心读书、勤奋读书，很多都是用"功与利"来引导和鼓励的。

许多学者，许多喜欢读书的人，写了许多文章，谈了许多感想，把读书的意义讲得很多、论述得很透，其中，也有功与利的痕迹。

比较典型的是宋代赵恒的《劝学诗》："书中自有千钟粟，书中自有黄金屋，书中有马多如簇，书中自有颜如玉。"

这里千钟粟、黄金屋、颜如玉，书中有马多如簇，不都是功和利吗？

还有宋代王安石的"贫者因书而富,富者因书而贵",这里的富和贵也是功和利的!

俗话说得好:"十年寒窗无人问,一举成名天下知。"这里的"一举成名"也是功和利!

清代曾国藩的"读书是最好的家风家教",这里家风家教,严格说来,也是一种"利"。

现代人杨绛的"读书正是为了遇见更好的自己",这里的"更好的自己",也算另一种功和利吧!

当然,古往今来,也有很多圣贤提倡读书不要功利化。

比如清代人姚文田的"世上几百年旧家,无非积德;天下第一件好事,还是读书"。

比如古人说的:"不因果报方行善,岂为功名始读书。"

温家宝同志在2010年2月27日对全国公开的网聊时讲了:"读书关系到一个人的思想境界和修养,关系到一个民族的素质,关系到一个国家的兴旺发达。一个不读书的人是没有前途的,一个不读书的民族也是没有前途的……书籍本身不可能改变世界,但是读书可以改变人生,人可以改变世界。"

习近平总书记讲了:"我们的干部要上进,我们的党要上进,我们的国家要上进,我们的民族要上进,就必须大兴学习之风,坚持学习、学习、再学习,坚持实践、实践、再实践。"

当然,我也认为,读书、读什么样的书,还可以根据自己的喜好。

我在演讲中多次讲过:"一个人喜欢读书,还需要什么理由吗?"

我认为,读书的功利问题,可以从下面所述去理解它:"读书获得了更多的知识,增长了才干,可能为社会建功立业,为祖国多创造财富、多作出贡献;为组织多提供价值;也可以为自己和家庭改善生活、工作和学习条件。"

3. 读书不能太急功近利

读书可以有一些"功与利",但不能急功近利。不能认为读了书,马上就要获得利益、获得很大的利益。读书急功近利，就会使得所读之书不求甚解，不能悟出书中的道理，不能坚持终身学习。而急功近利地读书，本身就是一种浮躁的心态，这样的读书，表面看起来有好处，一开始的确也可能有一定的好处，但是，这样的读书，不能持久，不能持之以恒，可以有小功小利、不能长远获益,不能获得人生长久的益处,当然对修炼心态也就没有什么好处。

4. 不能只是为了读书而读书

读书固然好，痴迷读书固然有好处，但是，不能为了读书而读书。可能它只是为了装"门面"，可以对外炫耀"我又读了多少多少本书"，但是，没有理解，没有悟道，没有重点，没有融会，没有贯通，更不用说读了书的运用、应用以及使用。

毛主席说得很清楚："读书是学习，使用也是学习，而且是更重要的学习。"

5. 好心态必须读好书。

全社会都在提倡，读好书、好读书、读书好！

现在，社会上的书越来越多，一到了书店，琳琅满目的书，各种各样，可能让你眼花缭乱，有时，不知道自己该读什么样的书。

我们提倡，要读正能量的书，读对自己的身心、知识和进步有益的书。

习近平总书记提倡"有选择性读书"，他指出：在大量书籍中，领导干部应当围绕提高思想水平、增强工作能力、完善知识结构、提升精神境界，选择那些与所从事的工作关系密切、自己爱好和有兴趣的书来读，力争在有限的时间内取得最佳的读书效果。

习近平总书记建议领导干部普遍应当读下列三个方面的书：

第一，当代中国马克思主义理论著作。

第二，做好领导工作必需的各种知识书籍。

第三，古今中外优秀传统文化书籍。

（二）喜欢读书的人大都心态好

前面讲了："心态好的人一般都喜欢读书"，这里讲的是"喜欢读书的人大都心态好"，这不是一句话的简单重复。

读过网络作者"辛东方"的一篇文章，很有启发。文章的题目是《读书是一种心态，与他人无关》。

文章说了，喜欢读书的人大都心态好。

"现实告诉我们：大多数人不读书，也无法勉强。事实上，一生只做一件事，比如读书，也能成功，这要看你有没有恒心、会不会融会贯通。

"读书变现绝非易事，没有破釜沉舟的毅力和决心，根本无法长期坚持。

"看似读书，其实考验的是一个人的心态。读书是一种心态，是骨子里的喜欢，而且特别想做这件事，无论结果如何，坦然处之，不急不躁，坐看云起时。

"一个人之所以抱怨生活，是因为他没有搞明白读书的道理。那些读书好的人，其实他早已明白了生活，才能把书读好。一个连生活都不明白的人，他是读不好书的。那些好好生活的人，他才是最懂得读书的意义。

"读书不是给谁看，而是要解决心中的困惑、疙瘩。

"很多人不读书，却把自己的失败归于别人，这是一种不适当的心态。"

感谢辛东方的上述精彩的论述，我之所以把这几段话引用到本书来，是因为我喜欢读书，自认为是一个心态比较好的人；从而，与辛东方的这段话产生了共鸣！

（三）读书让心态更好

今天，我要重点讲述的是"读书是修炼阳光心态的重要方法之一"。

网络作者"喵喵的汽车"谈了他自己读书的感受，我认为是通过读书修炼自己心态的很好道理。

他说，读书不仅可以拓宽一个人的知识和视野，开拓自己的思维方式和提升思维能力，而且可以在职场中获得更大的成功。

格局大的领导，会重视和提拔爱读书的员工，因为这样的员工一般说来心态会更好，更是积极向上之人。

其实，阅读是一种独特的娱乐方式，可以让一个人在忙碌的生活中找到片刻的平静，培养幽默感，缓解压力。

读书可以带来自己的身心健康和快乐，帮助自己放松身心、减轻压力和焦虑，还可以改善自己的心理健康状况，帮助自己更好地了解自己和他人，从而更好地处理人际关系。

读书也是一种很好的休闲娱乐方式，让自己在紧张的工作或学习之后享受安静而愉快的时光。

无论是阅读一本好书，或者是杂志和报纸，都可能给自己带来幸福和满足的感觉，丰富自己的内心世界，增强自己的自信心，增长个人价值。

一位网络作者"黄少说教育"在2024年1月17日撰文说了："读书，治愈你的不开心。"

黄少说："脚步到不了的地方，书籍可以。读书是理解生活的方式，可以丰富对不同概念的定义，例如爱情、生命……从而迭代价值观。"

"有人说，烦恼是人生的导师，它以无声的方式敦促我们成长。然而，当烦恼成为习惯，如同乌云遮住了晴空，我们的心情会越来越沉重。"

如何开心地度过人生，如何治愈你的不开心？如何去除烦恼？黄少认为，答案在于开阔心胸，读书最明理。于是，这位黄少推荐人们读以下四本书。

第一本，《如何停止不开心》。

作者安德烈娅·欧文。这本书会"手把手地教你戒掉影响自己心情的坏习惯，在源头上切断可能让你不开心的事。此外，她还引导你用冥想等方式，去反省和改变自己的行为，让自己开心起来"。

第二本书，《化解我们内心的冲突》。

当一个人，总是埋怨别人，将责任总是归咎于别人，而不从自身找原因时，"不如静下心来审视自己内心的矛盾。因为，化解内心冲突的关键在于自我救赎，而非一味地责备他人"。"真正重要的是认清自己，化解内心的矛盾，让心境回归平和。记住：所有的困扰和忧伤，并非全部来自外界，而是你与自己的内心过不去，内心的纷扰大多源自内心的冲突。"

第三本书，《偷影子的人》。

这是一本温情疗愈的小说。书中的小男孩，并没有用自己偷影子的超能力去捉弄人，而是以此去帮助别人，并且在自己不开心的时候自愈。书中有一句话很经典："为每一个你所偷来的影子找到点亮生命的小小光芒，为他们找回隐匿的记忆拼图。"

第四本书，《5%的改变》。

"作者通过案例去揭开自我的改变，原生家庭的改变，工作与理想的改变，亲密关系、人际关系的改变。

"接纳自己的平凡，是通向非凡的起点。微小的改变，如同涟漪般荡漾开来，最终引起巨大的改变。习惯的养成，不在于一蹴而就，而在于坚持不懈地积累。八字箴言：'微量开始，超额完成'。

"一个微小的改变，可能就是改变命运的关键。"

感谢"黄少"的推荐和读书所得！

显然，读了这四本书，领悟了书中的真谛，我们的不开心也许真的会好起来、开心起来，我们心态也许就修炼得阳光起来。

有人认为，读书可以改变一个人的性格。

在"品读百味"中有一篇网络文章，看了觉得有同感：

"读书是一种非常有益的活动，它不仅可以增加我们的知识和见识，还可以改变我们的性格。"

不喜欢读书，就没有改变性格的可能；只是读书，读了没有悟性，不能与自己的实际行动联系改正自己的不足之处，这样的读书，也是不能达到通过读书修炼自己心态的目的。

总结如下。

第一，要喜欢读书。

第二，要读好书。

第三，读书要有悟性。

第四，要坚持读书。

第五，要将所读之书用在自己的工作、生活和学习中。

第六，要做通过读书修炼自己心态的有心人。

三、用饮茶修炼阳光心态

有道是，喜欢饮茶的人，大都心态好，这个说法我赞成；但不能反过来说"不饮茶的人心态就不好"。

（一）饮茶有很多好处

中国工程院院士刘仲华说了："第一，喝茶可以延缓衰老；第二，喝茶可以调节代谢包括糖代谢、脂肪代谢、蛋白质代谢；第三，喝茶可以提高人体免疫力。"

陈宗懋院士说了："饮茶一分钟，解渴；饮茶一小时，休闲；饮茶一个月，健康；饮茶一辈子，长寿。"

许多人在许多文章中都谈到了适当饮茶的好处。比如有这些表述：

第一，茶能使人精神振奋，也就是有提神的作用，还能增强思维能力和记忆能力。

第二，茶能消除疲劳，促进人的新陈代谢，还有维持心脏、血管、胃肠等正常机能的作用。

第三，饮茶对预防龋牙有很大的好处。

第四，茶叶中有不少对人体有益的微量元素，对人的身体健康有好处。

第五，饮茶能抑制人的细胞衰老，使人延年益寿。有资料显示，茶叶的抗老化作用是维生素 E 的 18 倍以上。

第六，饮茶有助于延缓和防止血管内膜脂质斑块形成，防止动脉硬化、高血压和脑血栓。

第七，饮茶能兴奋中枢神经，增强运动能力。

第八，饮茶有良好的减肥和美容效果，特别是有的品种茶，效果比较明显。

第九，茶叶所含的鞣酸，能杀灭多种细菌，所以，对缓解口腔炎、咽喉炎，以及夏季易发生的肠炎、痢疾等有一定的作用。

第十，饮茶能维持血液的正常酸碱平衡。茶叶中含有咖啡碱、茶碱、可可碱、黄嘌呤等生物碱物质，是一种优良的碱性饮料，对于酸性体质的人来说好处更大。茶水能在饮用中迅速被吸收和氧化，产生浓度较高的碱性代谢产物，从而能及时中和血液中的酸性代谢物。

第十一，茶叶和茶水能一定程度地消除和减少口臭等口腔异味。

第十二，有的品种的茶水，有明目的作用。

以上这十二个方面，主要是对人的身体方面的好处，是物理和生理方面的好处。

其实，茶、饮茶，还有很多社会功能，比如弘扬中华传统文化、发扬中华传统美德、展示茶艺艺术、展示文化艺术、修身养性、陶冶情操、交友联谊、促进民族团结、促进社会进步、发展经济贸易、促进消费、健身强体、扩大就业、促进产业经济发展等等。

在茶文化中，茶之精神也是人们千百年来喜爱饮茶的重要原因。

有一位学者，把一些含有"茶"字的汉语词组排列起来，以显示茶文化的社会功能：

以茶思源、以茶待客、以茶会友、以茶联谊、以茶廉洁、以茶育人、以茶代酒、以茶健身、以茶入诗、以茶入艺、以茶入画、以茶入书、以茶起舞、以茶歌吟、以茶兴文、以茶作礼、以茶兴业、以茶兴农、以茶就业、以茶促贸、以茶交易、以茶脱贫、以茶致富等等。

我在这里主要用茶的修炼心态功能，通过饮茶修炼阳光心态。

（二）饮茶修炼心态

有学者认为，喝茶，既是一种简单的行为，也蕴含了深深的哲理和禅意，它已经成了人们的一种意境、一种精神、一种文化、一种心态、一种心情、一种享受、一种思考、一种悟道、一种明理、一种学习、一种传播、一种联谊、一种交友。

从饮茶人心态的角度讲：

1. 爱喝茶的人，一般不会一味抱怨

茶的和谐精神，让饮茶的人不会怨气连天。当你坐下来静心喝茶时，带着摒除杂念、放空自我的心情，这时，茶、饮茶，就会让你心情舒畅，内心感到平静，专注于饮茶，除了茶以外，心无旁骛，忘记烦恼，哪里还有心思去埋怨抱怨呢？

2. 爱喝茶的人，一般不会对未来失望

茶有它的物质载体和文化载体。作为文化载体，它更多的是一种对待生活的态度和坚持的精神。因为饮茶能够带来一个人精神上的享受和气质上的提升。当你通过饮茶到了一个境界时，这时的茶、茶水，已经不完全是物质意义上的茶和茶水了，它可能是你的知音、知己，是一位无言的充满正能量的老朋友，闻着茶香、品着茶味就好像这位老朋友在你的身边诉说着一个又一个正能量的故事，让你被这种正能量所感染，这时，如果你内心还残存那么一点点糟糕的心情和失望的心态，可能已经被茶水清洗掉了。

3. 爱喝茶的人一般不会太过计较

有人发现，爱喝茶的人很少动怒，一般不会因小事而斤斤计较。在经常饮茶的过程中，习惯了用平和的心态对待泡好的每一杯茶，也可能会用这种心态对待生活中的人和事。因为喝茶，就将平和大度养成为一种习惯。茶淡泊清雅、清香甘甜、回味清爽，用一种闲情逸趣的心品茶，他还哪里还顾得上去斤斤计较呢？

4. 爱喝茶的人一般不会太过焦虑

饮茶、品茶，是慢慢的、安静的，带着雅趣的心情心态进行。品茶，来一场心灵放松的旅行，观人生曼妙的风景，赏岁月流年的静谧，从而，与清茶为伴，手执茶杯，啜一口清茶，轻轻品味，慢慢饮之，让茶香飘绕，让人静心从容，看那茶叶在杯中沉浮，不再忙忙慌慌，把一切焦虑抛到九霄云外。

5. 爱喝茶的人一般不会盲从

在物欲横流的滚滚红尘中，静心品茶，让人心态平和、心地淡泊。即使目标宏大，即使欲望尚存，即使每天都离不开那二两散碎银子去求生活，即使烟火味使人尚在红尘中，他会目标明确清晰，不会盲目刻意追逐，更不会不择手段，躺在红尘中却因茶而超凡脱俗，到了与众不一般的境界。

6. 爱喝茶的人可能诗化了人生

茶、饮茶，本身是一种"生活的苟且"，但它却充满了诗情画意。

不仅仅是因为边饮茶可以边写诗吟诗，边饮茶边书法画画，更是因为，饮茶者静心品茶的过程和仪式感，有着"诗和远方"的动人画面感，茶、饮茶，本身就是一首诗、一幅画，更是诗化了的人生。

如果没有上述心情心态的人，也许他、她，不是一个真正"爱喝茶的人"，而且，正说明这样的人更应该通过饮茶品茶，把自己的心态修炼得阳光起来。

我于2018年8月某一天在家里饮茶时，不经意写了第一篇"茶文化随笔"，到2024年初，已经写了一千多篇，发到了微信朋友圈中，受到了不少微信好友的关注和点赞。我曾经在2020年正式发表了10多篇"茶文化随笔"。我的上千篇"茶文化随笔"经整理，2024年初出版了《茶香醉人：讲好茶文化故事》一书，书中也讲到了饮茶与心态问题。

要说通过饮茶修炼阳光心态，虽然有很多方面的事情可做，但我坚持认为，重点应该放在修炼一个"静"字，它可是茶之魂呢！修炼到人茶合一，修炼到如茶一样的"静"，这样，阳光心态通过饮茶修炼就到家了！

当今社会，不少人浮躁，通过饮茶，让自己的心静下来，用静心去工作、学习、生活，去处理人际关系，去面对社会、面对未来，该多好啊！

下面，我引用《茶香醉人：讲好茶文化故事》一书中的几段话，来说明通过饮茶修炼这个茶的"静"字。

茶，怎一个"静"字了得！

有人讲，茶的品格和精神，就是一个"静"字。

仔细想一想，茶的所有"动"，如种茶树、茶在树上生长、采茶、制茶、包装茶、运茶、储茶、销茶、买茶、沏茶、吃喝饮品茶等等，这些"茶动"，是茶、茶人之主动或被动，其实也是一种"静"，动亦静也！

茶，静好哇！茶之理在于：有动有静方为茶。

民间流行着一种说法："喝酒要闹，饮茶要静。"

喝酒要闹，这里的"闹"，指的是热闹。为什么喝酒要闹呢？因为一个人喝闷酒容易醉，所以，许多人喝酒，都要不断地劝酒、划拳猜令，以助酒兴，不断地说话、说酒话，没话也要找话说，从而让喝进肚子里的酒精挥发出来，这样就不容易醉酒了。

而有的人喝酒的闹，是不把别人劝醉了不罢休；作为主人家的人，觉得不让客人朋友喝醉了是不好客，没让别人喝好。这样，喝醉了、喝高了后就更加"闹"了，甚至胡闹了。

但是，大多数人认为，饮茶品茶要静。除了到成都遍布大街小巷的茶馆茶摊去从早到晚泡茶馆喝盖碗茶、专门享受那种市井茶文化的茶之民俗氛围以外，大多数人则喜欢在一个静雅的地方，与二三朋、三五友，静静地品茶。特别是一些文人雅士、一些对饮茶痴迷的"专业"茶达人，更喜欢静静地饮茶品茗，静心方能品茶香。

饮茶，如果不是只为了解渴的话，不是那种于茶水为喝而喝的话，其实，饮茶是一件很愉悦并涵养身心的雅事，而且，无论是对达官贵人还是对平民百姓，都是一种很静雅的享受，不少人由此上瘾了。

在饮茶的过程中,但见茶叶在水中蹁跹起舞、婀娜多姿,不由得你不静下心来观赏一番、赞美几句,茶的美姿入了饮者眼帘,更进入了饮者灵魂。

随着几次冲泡,茶香在茶气中慢慢散发出来,不由得饮者不静下心来静静地品味茶香,观那茶汤美颜,嗅那清雅的茶气。

善饮者,端起茶杯之时,他的心,就慢慢地静了下来。而且,茶香入脑,茶水下肚,也产生了一种让人静心的作用。

这时,茶可能对饮者无声地细说:"请你静静地品味吧!"

茶能静身心,人亦须静身心,方能真正算"品茶"。

真正的茶之达人、茶之善饮者、茶之瘾君子,对于茶、饮茶,是怀着敬畏之心的。

进入茶室,端起茶杯,让自己静静地进入"茶的世界",观茶叶、茶具的外形,赏茶艺,察汤色,嗅茶之香气,哑茶之香味……静静地享受茶的一切。

真正懂茶之人,会静静地品茶,静到让自己听到茶之柔美的声音,似乎在与茶说私房话。

这种"静品茶",品的是茶中茶,茶内茶;品的是茶外茶,茶境茶。品的不仅是茶这种珍贵的物质,更是茶的精神享受、茶的文化享受、茶的禅意哲理。

静静品之,久久品之,人茶一体,人融入茶,茶融入人,人与茶同频、同道了。这时,茶也在静静地品人呢,品着人生百态、品着各色人等的心!

茶静清明而能安,静心品茶何其闲。

人,让茶动,亦让茶静;茶,让人动,亦让人静。

无论是茶还是人,是因为有能量才能让其动;只有动,茶和人才有力量——动能。注意到茶和人"动"的力量,动态美的人有很多,但是,关注到茶和人"静"的力量和关注静态美的人要少得多。

其实,静的力量是非常强大的,甚至与动的力量一样强大。

静,不是饮茶时是否说话、有无声响,而是一个人内心的平和平静,心静如止水。

喝了茶，可能让人静下来，特别是让人的心境静下来；而一个人只有静下来了，特别是静下心来了，才可能真正品出茶的味道，真正懂得茶的精神。

茶静了，心就静了；心静了，世界就静了。

这就是"静"的魅力，"静"的力量，一种茶之静态美。

只有静、心静，内在的静、灵魂的静，一个人才能发出内在的光；在能动的世界，你只有静下来，才会产生如磁场一样的磁力线，可能让万事万物、千人万众都向你靠拢，你会进一步凝聚"静"的力量。

静品茶，人茶合一，人与茶，在"静"字上汇合了。

茶性本洁，从洁中出来，在洁中献给人们以清清的、明明的茶水，又在洁中去也！

茶静，茶清明；人静，人清明。

当一个人真正地静下心来时，他会有一双慧眼，他的眼睛更清亮，看人事物、观世间情，才看得更清楚，不会走眼，看万物才更加通透。

当一个人心静下来后，他的大脑才更清醒，作出的决策、决定、决断才更科学，不会盲目。

当一个人的身心都静下来时，他的灵魂就更加清纯，遇到意外之人之事之危急之风险时，才不至于手忙脚乱，不至于忙中出错；就可能静下心来，去思考怎样解决问题。

清静了，心静了，就会去除纷扰，一切将会安好。正如《大学》中说的："静而后能安，安而后能虑。"

静能安，安可静！

我喜欢这样一句话："浮躁的社会，心静者胜出。"

品茶须静，品茶能让人心静、魂静。

很多人都认为，当今社会，有一股浮躁之风，烦躁、急躁、焦躁。我们建议，浮躁之人，不妨品品茶吧，不妨静下心来品品茶，学一下茶之静的精神。

浮躁的社会，如果有人能静下心来，心平气和，定于中、达于外，身心安静，气定神闲，在静中洞见自己，定能吸收、聚集并释放正能量，呈现自然的神机神韵，萌发生命的整体能量，产生"静能量"。

入静者，亦能入定也，自然就能"胜出"了。

这样，心态也就修炼好了，"太阳无语，自有万丈光芒"；心态无言，自有灿烂阳光。

我在《茶香醉人：讲好茶文化故事》一书中引用了唐代赵州从谂禅师引起的一桩"吃茶去"的"禅门公案"，直到今天，有几个人能真正参透"吃茶去"的深深禅意？吃喝饮品茶的过程，悟道"吃茶去"的过程，其实就是以茶修炼自己阳光心态的过程。

我在 2017 年从教授、博导岗位上退休了、赋闲了，虽然还有一些社会演讲任务和写作任务，那都是自己安排的。空间上独立了，时间自由了，喝茶的时间更多了。就是在退休的 2017 年，我租了一间房子，设了一个不对外经营的私人茶室，时不时地邀朋请友喝茶聊天；经常在茶室里喝茶、读书、写毛笔字，身心得到了修养。

2023 年，又在茶室挂了"曾国平书苑"的牌子，时不时地邀请朋友来开品茶会、朗读会；而且，同夫人约定，只要我没有演讲任务，几乎每天都喝起"下午茶"来，养成了习惯。每天午睡后，都会心仪那杯下午茶。茶，对于我、对于夫人来说，既养了身，更是养了心，我们这老年人的心态也更加阳光了。

四、用幽默修炼阳光心态

心态好的人大都幽默，有幽默感的人大都心态阳光。

幽默风趣，也是调整与修炼心态的好方法。

（一）为了心态阳光必须培养幽默感

恩格斯曾说："幽默是具有智慧、教养和道德优越感的表现。"

有人形象地说：

没有幽默感的人是一尊雕像；

没有幽默感的文章是一篇公文；

没有幽默感的家庭是一间旅店；

没有幽默感的城市如同一座监牢；

没有幽默感的沟通如同下达命令；

没有幽默感的生活沉闷灰暗，没有友爱、没有希望；

没有幽默感的心态，一定不太阳光！

我国的大学问家梁启超也是一个大演讲家，还是一个幽默大师。有一次，他在一所大学为学员演讲时就讲到"做学问也要有趣"。

他说："我是个主张趣味主义的人，倘若用化学化分'梁启超'这件东西，把里头所含的一种元素名叫'趣味'的抽出来，只怕所剩下仅有个零了。"

他说："凡人必须常常生活于趣味之中，生活才有价值。"

他说："我觉得，天下万事万物都有趣味，我只嫌24点钟不能扩充到48点钟，不够我享用。我一年到头不肯歇息，问我忙什么？忙的是我的趣味。我认为这便是人生最合理的生活。"

他说："凡属趣味，我一概都承认他是好的。"

我曾经在全国各地作过数千场次、100多个专题的演讲，写作出版过两本演讲方面的书籍：《教学演讲的方法与技巧》《演讲之道：生命在演讲中绽放》。在书中，我坚持认为，演讲者必须幽默风趣，无论是对哪一个层次的人演讲，都是如此，否则，只讲大道理，生硬死板，没有人愿意听，不能坚持听下去。

什么叫趣味，梁启超下的注脚是："凡一件事做下去，不会生出与趣味相反的结果的,这件事便可以为趣味的主体。"

梁启超认为,趣味总要自己领略,自己未曾领略得到时,旁人没法子告诉你,如人饮水,冷暖自知。有趣性的延伸就是喜欢性、欢喜性,它是阳光心态最典型的表现。

林语堂认为,幽默的人生观是真实、宽容、同情的人生观。幽默绝不是专门挑剔人家,专门说俏皮、奚落、挖苦、刻薄的话。

幽默与笑,如影相随,那是人生的至高境界。世界上最美妙的声音是笑声,它比任何音乐或喃喃情话都美妙。

人们有理由认为,谁能使他的朋友、同事、顾客、亲人们发出笑声,那么他就是在演奏无与伦比的音乐。

笑,是两个人之间、人与人之间最短的距离。

甚至有人讲,微笑是一个人幽默风趣的基本表现。

世上多一分微笑,人间少一分争吵;

脸上多一分微笑,心头少一分烦恼;

家庭多一分微笑,生活多一分美妙;

夫妻多一分微笑,恩爱多一分情调;

服务多一分微笑,顾客多一张选票;

老总多一分微笑,员工多一分绩效;

师生多一分微笑,成才多一条渠道;

世人多一分微笑,世界多一些阳光。

微笑,是有限的给予、无限的回报;

微笑,是心态的宝典、处世的法宝、修炼心态的法宝。

甚至有人讲,和谐社会的标志之一,就是人们脸上常带笑容。

有人研究说,一个人笑1分钟,全身将放松47分钟。法国人曾经建议每天至少要笑30分钟。而一位医学博士建议,在一天之内,女士必须笑13~16次,男士必须至少笑17次,男人应该比女人多笑一些。

虽然幽默大师以男性居多。

"男儿有泪不轻弹",男士一则不太唠叨;二则不轻易流泪,掖在心里,压力又太大,得不到释放,过着"负性"生活,所以,寿命一般比女士要短。有人讲,男性自杀率是女人的 4 倍。男性不能通过唠叨、流泪来释放压力,怎么办?于是就发火,男士的发火是一种另类哭泣,因为压力大、忧郁、抑郁。但是,发火很不好,发火会伤肝,发火往往会把事情和人际关系搞得更糟糕。

男士完全可以通过幽默,通过笑、发自内心地笑,来调整自己的心态。幽默是灵魂的镜子,是人格的窗口,是人生最好的解毒剂,是男士延长寿命的秘籍。

幽默是一种态度、一种观念、一种眼光、一种情绪、一种情感、一种个性、一种特质、一种状态、一种心境、一种能力、一种水平、一种方法、一种技巧、一种力量、一种文化、一种艺术、一种魅力、一种层次、一种味道、一种真诚、一种善良、一种解脱、一种修炼、一种爱、一种美、一种逗笑品、一种高尚的修养、一种内在的境界、一种应付人生的方法、一朵带刺的玫瑰、一种转瞬即逝的精神状态。

幽默是人际关系的润滑剂,是生活的调味品,是工作的加油器,是自信的表现,是能力的闪光,是水平的体现,是潜能的显现。

幽默能综合反映人的思想、智慧、能力、气质、心境、修养、品位和知识含量。

从广义上讲,幽默风趣是一种人生态度。根本说来,是一种心态、心智、心情。为了让自己的心态阳光、更阳光、可持续阳光,必须修炼幽默风趣。

我的《幽默:技巧与故事》一书讲道:"一个家庭不幽默,就是坟墓一座;一个企业(学院、医院、机关)不幽默,就是坟墓一座;一个社会不幽默,就是坟墓一座又一座。"

(二)掌握幽默风趣的方法技巧

幽默虽有遗传,但并不是天生的,赵本山生下来会说的第一句话并不是一个幽默的小品；侯宝林生下来的第一句话也并不是一则逗笑的相声。幽默风趣主要是通过后天的努力，在实践中培养和训练而获得的，随着人们的阅历和知识的不断丰富以及对生活的不断认识而形成，它是人们不断用智、用情、用心去发明创造出来的。

幽默也不是那些笑星的专利，它完全可以走进寻常百姓家。每一个人都可能成为一个幽默风趣的人。

幽默应该是有技巧的，只要我们坚持不懈，对自己的天赋进行训练、教化和再造，并通过知识面的开拓，爱心的增强，才智的训练，幽默就会降临到我们身上。

1. 走出误区，享受幽默

幽默风趣是一种美，是一种享受。

但是，进入了误区的幽默风趣，就不美了，也不是享受，而是难受，是难受极了。哪些属于幽默的误区？如故作幽默、低级庸俗、不合时宜、讽刺弱者、一味讥讽、一味搞笑、错误导向、贬低丑化等等。

2. 要着力培养和提高幽默风趣的素质

怎样培养提高？

第一，处好关系，传递幽默。

第二，调整心态，拥抱幽默。

第三，扩大知识面，产出幽默。

第四，培养幽默感，特别是自我幽默感。

幽默演员冯巩出生在知识分子家庭，"文化大革命"中他的父母受到冲击，但他却没有减弱生活的勇气。在中学里，他与同学表演相声《挖宝》，获得了1972年天津市中学生汇演一等奖。1977年，冯巩进了纺织机械厂当钳工，后来又到天津制线厂工作，但他一直都坚持表演训练。他拜马季为师，向侯耀文学习，后来成为全国非常棒的笑星。

冯巩走的这一条幽默艺术之路，是他个人的努力和外界环境交互作用的结果，而他个人的努力是起决定作用的。

幽默艺术家、幽默大师的桂冠不是人人都能摘取的，但是，幽默感却是大多数人都可以培养出来的。为什么说是"大多数人"？因为少数人也许对幽默有成见、偏见。

要循序渐进地培养自己的幽默感。比如，多看和多听一些幽默的语言和段子，多读一些幽默的笑话、故事、小品、相声、小说、散文、诗词、喜剧，多看一些幽默的电影、电视剧，多听一些幽默的演讲。

还要培养自己丰富的想象力，培养自己的创新思维。多与有幽默感的人交往，近朱者赤，近墨者黑，就是这个道理。

人们常说，打拳有拳经，下棋有棋谱，对于幽默风趣的方法和技巧，要着力培养，掌握一些幽默的理论，还要掌握幽默风趣的一些规律和方法，在实践中要敢于运用、善于运用幽默风趣。

要着力练习笑。有人说，新的健康标准就是"吃得下、睡得着、提得起、放得下、走得动、记得住、忘得掉、笑得出"。

练笑。其主要方法之一是"太极法"。

第一，入练。要确定笑的姿势和笑度，是内笑、微笑，还是哈哈大笑。然后两眼微闭，排除杂念，进入静状态。

第二，诱笑。当练笑者入笑后，可以从记忆中提出、提取所需笑料，在笑料的逗引下产生笑意，然后把笑度提高，慢慢地笑得痛快，笑得开怀。

第三，收练。当某一笑料的笑意消失后，就可以收练。收练时将两手掌心相对，擦搓发热，自上而下浴面16次，两眼慢慢睁开。练笑的时间长短可视自己的情况而定，一般每次练习7~10分钟，也可适当延长，每天两三次。

对幽默作出反应要适度，但可以适当地把自己的笑点降低一些。

听到一个幽默笑话，有什么样的反应？

有的人会笑得前仰后翻；有的人会心地微微一笑；有的人是深深感悟到幽默的精要后而笑；有的人会在事后每每想起还要笑；有的人会无动于衷，

没有半点笑意。

一方面，要看这个幽默段子的质量；另一方面，就是接收幽默信息的人笑点高低和笑态。有的是故意夸张地大笑，有的是为了烘托气氛，有的是"笑托"，如电视中一些戏剧和小品、相声，可能并不好笑，却找一些人来，"好""好哇"地叫个不停，这种不自然的捧场，多半是幽默感不强的人来掩饰自己欠缺幽默感。

要进行幽默思维训练。

幽默思维不同于一般思维，它以"源于生活，高于生活"为创作宗旨，因为要求幽默者具有熟练从容地运用知识和轻快驾驭语言的能力，要求他具备对一事物的超前、超常意识，以突出的幽默思维表现在幽默的言行上。

让自己经常处于"作有趣味状"。

欣赏幽默信息，领悟幽默之味。在信息特别发达的今天，微信上有一些幽默的段子，只要不是恶意攻击的东西，也不妨欣赏一下。

培养欣赏他人幽默的水平和能力。

欣赏他人的幽默，需要水平和能力，需要悟性，靠领悟、感悟、醒悟、顿悟、悔悟、觉悟。

许多有层次的演讲者，对听演讲的人有严格的要求，如听演讲的人的层次、人数。没有层次的人、不愿意学习的人，无论演讲者讲得好不好，他都不屑一顾、漫不经心，让演讲者很是伤心。

幽默也是要双方、多方配合的。

3. 提高幽默风趣的表达能力。

幽默感的心态是内在的，要想办法把它表达出来、外化，这样，自己经历了阳光心态的洗礼，也让别人受到阳光心态的影响。

五、改变态度、换角度修炼心态

心态，也就是心理态度。

（一）态度太重要了

态度决定当下、决定未来。态度决定工作、生活、学习。一个人事业能否成功，取决于他的态度！

修炼心态箴言：事情本身不重要，重要的是人对事情的想法、看法和态度。

金科玉律：不能改变事情，就改变对事情的态度；摆不平整个世界，学会摆平自己。

哪怕是坏事，在一定条件下也可以变成好事。但是，有很多事情是不可能转化的，但只要心态好，坏事也是不可怕的，也可以超然面对。

电影《飞驰人生2》中的台词："战胜恐惧的最好方法，就是面对恐惧！"

成语故事"塞翁失马，焉知非福"就是如此。

很早以前，我国北方的边塞地方有一个人善于推测人事吉凶祸福，大家都叫他塞翁。有一天，塞翁的马从马厩里逃跑了，越过边境一路跑进了胡人居住的地方。邻居们知道这个消息都赶来慰问塞翁，塞翁一点都不难过，反而笑笑说："我的马虽然走失了，但这说不定是件好事呢！"

过了几个月，这匹马自己跑回来了，而且还跟来了一匹胡地的骏马。邻居们听说这个事情之后，又纷纷跑到塞翁家来道贺，塞翁这回反而皱起眉头对大家说："白白得来这匹骏马，恐怕不是什么好事啊！"

塞翁有个儿子很喜欢骑马，他有一天就骑着这匹胡地来的骏马外出游玩，结果一不小心从马背上摔了下来跌断了腿。邻居们知道了这件意外之事又赶来慰问塞翁，劝他不要太伤心，没想到塞翁并不怎么难过、伤心，反而淡淡地对大家说："我的儿子虽然摔断了腿，但是说不定是件好事呢！"

众人莫名其妙，他们认为塞翁肯定是伤心过头，脑袋都糊涂了。

过了不久，胡人大举入侵，所有的青年男子都被征调去当兵，但是胡人非常剽悍，大部分的年轻男子都战死沙场，塞翁的儿子因为摔断了腿不用当兵，反而因此保全了性命。这个时候邻居们才体悟到，当初塞翁所说的那些话里头所隐含的智慧。

面对好事与坏事，只要改变一下态度，心态就阳光了。

下面这个故事是很多人都听说过的：

一位大妈有两个儿子，大儿子是染布的，二儿子是卖雨伞的。

只要天一下雨，这位大妈就愁死了："我的大儿子的布怎么晒得干呢！"

只要天一出太阳，大妈又愁死了："我的二儿子的雨伞怎么卖得出去呢！"

所以，无论天晴还是下雨，这位大妈心里都犯愁难受。

有人劝这位大妈："天晴下雨您都应该感到高兴：天晴了，您的大儿子的布晒得干了；下雨了，您的二儿子的雨伞卖得出去了。"

这不就是改变态度让自己的心态良好的方法吗？

改变态度表现在很多方面，可以变角度，可以用一点逆向思维和横向思维。

太顺了，不要得意忘形，要想到，可能逆境要来了；面对逆境，不要悲观绝望，要想到，黑暗将会过去，曙光就在前头：希望就在绝望之中！

危机出现了，受到影响和损失了，要想到，危机之后就是机会、契机、机遇、转机，要积极面对应对，化危为机。

孩提时，父母常对我讲"好天防阴天，好年防灾年，晴天防雨天"，就是要我想到事物的两面和多面。

在很多情况下，只要换一个角度思考和看问题，结果就大不一样。

我作演讲时，曾多次指着正方形的投影仪屏幕问听众："你们看，这是什么形状？"很简单的一个问题，少部分人不敢回答，心想，教授怎么会问这么简单的问题呢？有什么玄机吗？

大多数人很快回答："正方形！"

我说："不，是长方形！""不，是菱形！""不，是一条线！""不，是一个点！""不，什么都没有！"

面对听众不解的神情，我解释说："你们正面看，当然是正方形。但是，在侧面、旁边、斜着看呢？到一千米外看不就是一个点吗？到三千米外去看，不就什么都没有了吗？"

态度，有的人端正，有的人不一定端正；角度，有的正面，有的斜面；方向有正反，有的方向正确，有的方向错误。

张果老倒骑毛驴，面朝正确的方向，但却离方向之地越来越远，为什么？

为什么有人总是觉得痛苦大于快乐、忧伤大于欢喜、悲哀大于幸福？为什么有的人身在福中不知福，反把幸福当痛苦？有人发现，原来是因为他们总是把不属于痛苦的东西当成痛苦；把不属于忧伤的东西当成忧伤；把不属于悲哀的东西当成悲哀；而把原本属于快乐、欢喜、幸福的东西看得很平淡，没有把它们当成真正的快乐、欢喜和幸福。

我们提倡：把态度变到热忱上来，把态度改到正确上来，把角度换到正面上来，把方向转到正面上来。

一个小女孩趴在窗台上，看见窗外的人正在埋葬她心爱的小狗，不禁泪流满面，悲恸不已。她的外祖父见状，连忙引她到另一个窗口，让她欣赏他的玫瑰花园。果然，小女孩的心情顿时开朗，老人托起小女孩的下巴说："孩子，你开错窗户了。"

如果开错了一扇窗，就打开一道正确的门吧！

有人说，成功人士与失败者之间的区别是：成功人士始终用最热忱的态度最积极地思考自己的人生，用最乐观的精神和最辉煌的经验支配和控制自己的人生；失败者则相反，他们的人生是由种种失败与疑虑所引导和支配的。

我们的态度决定了我们人生的成功。

我们怎样对待生活，生活就怎样对待我们。

我们怎样对待别人，别人可能就怎样对待我们。

我们怎样对待自己，自己就怎样对待自我。

2016年6月，我在重庆大学出版社出版的一本书《让生活爱我》中讲道："生活就如同一面镜子，你对它笑，它也会对你笑！你热爱生活，生活才可能爱你。"

在一项任务刚开始时，我们的态度可能就决定了我们最后是否成功。

我们的环境——心里的、感情的、精神的，完全由我们自己的态度来创造：境由心生！

所以，我们要说，态度决定了速度、程度、高度、长度、宽度、浓度、深度、力度、效度、角度，甚至可以说态度决定了一切！

改变态度、转换角度的钥匙就在我们手中。只要我们能够努力修炼、培养、调整我们的心态，只要我们能够让自己的心态更阳光！

（二）改变生活态度

"活在当下，活在未来"，就是一种阳光生活态度，也是一种修炼心态的重要方法，还是一种特别重要的生活态度。

面对现实，要修炼调整心态；面对未来，也应该修炼调整心态。

活在当下，活好当下。

我们要修炼调整心态面对当下，面对现实；我们要修炼调整心态，面对明天、面对未来。

无论是面对现实当下，还是面对明天未来，都要快乐。

阳光心态一定是乐观的心态，乐观者心态一定阳光。所以，修炼调整心态的根本，就在于使自己快乐起来。

1. 活在当下

让生活充满阳光，这是修炼和调整心态的方法。

过去了的就让它过去吧，我们可以不忘记过去，因为忘记过去就意味着背叛，谁也不想背叛。但是，我们不能背上历史沉重的包袱过日子，"放下包袱，轻装上阵"，快快乐乐地把今天的日子过好。

吴维库教授把这种生活态度叫作"活在当下"。当今社会，"活在当下"是一个很流行的词语。

其实，早些时候，佛学中也特别强调"活在当下"的。

我们认为，只是"活在当下"还不够，对于"当下"，不仅要"活"，还要"活得好"，还要可持续地活得好！

要"活在当下""活好当下""可持续地活好当下"，要"阳光当下"。

什么是"当下"？就是当前、立即、立刻、此时此地的意思。

"当下"是佛经里面最小的时间单位，1分钟有60秒，1秒钟有60个刹那，一刹那有60个当下，1秒钟有3600个当下，把时间切到很小很小的单位，当下就是永恒。

人能活着和感觉到的只有当下。

但关于"什么是活在当下"，禅师回答说："吃饭就是吃饭，睡觉就是睡觉。"

吴教授曾经问听众："什么事、什么人、什么时间最重要？"他自己是这样回答的："最重要的事情就是你现在所做的事情，最重要的人就是现在和你一起做事情的人，最重要的时间就是现在。"

我深以为然。

"一屋不扫，何以扫天下？"现在你一间屋子都不愿意扫，都扫不好，奢谈什么扫天下、安天下、治天下？

"你现在手头上的本职工作都不愿意做，都做不好，何谈将来要怎样怎样？"这是人们经常听到的一些劝人的话，类似的还有很多：

"不能把握现在，怎么可能成就未来？"

"少壮不努力，老大徒伤悲！"

"今天不努力工作，明天将努力找工作！"

"今日事，今日毕；明日事，今日备。"

"明日复明日，明日何其多！我生待明日，万事成蹉跎！"

"一万年太久，只争朝夕。"

"今天所做之事勿候明天，自己所做之事勿候他人。"

"把活着的每一天看作生命的最后一天。"

"在今天和明天之间，有一段很长的时间；趁你还有精神的时候，学习迅速办事。"

"忘掉今天的人将被明天忘掉。"

"抛弃今天的人，不会有明天；而昨天，不过是行云流水。"

"今天应做的事没有做，明天再早也是耽误了。"

"不要让明天为今天之事遗憾！"

"不能活在当下，就会失去当下！"

"世事无常，当下最真！"

这些警句格言，都是要人们珍惜今天，要人们"活在当下"！

有一位老大爷，担心食用油涨价，一下子买了20多瓶油回来放着慢慢吃。但是，食用油搁久了会变味。有一瓶已经有一点变味了，先吃吧。吃完这瓶有点变味的油，他发现另一瓶也有点变味了，又吃那一瓶吧，结果，他一直都在吃变味了的油。

还是"活在当下"，先吃好油、好苹果吧（厉以宁教授和吴维库教授都讲过老太太吃烂苹果的故事，与老大爷吃油相似）！

2. 活好当下

我认为，"活在当下"只是阳光心态的最基本表现，仅于此，还远远不够。在当下会有很多种活法，不一定每种活法都阳光。

修炼、调整心态，首先是要"活在当下"，但是，还要"活好当下"，这才是阳光心态的精要、精髓、精粹，这才是修炼阳光心态的要义！

"活好当下"，一是自己要活好，活得淡定、平静，活得快乐、快活，活得有滋有味。二是要让别人快乐、快活，让别人安定、平静，让别人有滋有味。

哪怕只活今天这一天，也要快乐地活它24小时；哪怕生命只有1小时了，也要把最后的60分钟过好！

把握今天，把握好今天，显然，都是阳光心态的表现。

怎样让自己在当下活得快乐、快活？

其实，当下本身就快乐快活，你还要到哪里去找？俯拾即是！

有许多人，生活虽然不富有，也没有权势，但是，身体健康，儿孙满堂，家庭和睦，其实，这就是快乐呀，不要身在福中不知福！

总觉得自己不快乐的人，总觉得自己不幸福的人，不妨多在身边认真找一找，身边的幸福快乐多得很呢！

林肯是一个很幽默也很快乐的人，他有一句名言："大部分的人只要下定决心都能很快乐！"

一是下决心去找快乐；二是下决心去创造快乐；三是下决心去感受快乐，本来就是很快乐的事，有的人就是感觉不到；四是下决心去享受快乐；五是下决心去经营快乐；六是下决心把快乐带给别人。

有时，换一种思维方式，快乐就来了。

快乐是自己找的、自己制造的，就在当下，就在身边。处处有快乐！

你可以认为快乐是清早的新鲜空气，是一顿丰盛的晚餐，是一句真诚的问候，是口渴时的一杯水，是酷热时的一阵风，甚至是饥饿时的一碗红烧肉。你可以把快乐建立在自己和家人的事业成功、家庭和睦、身体健康上；还可以把快乐建立在社会的和谐上，建立在组织、团队的发展上，建立在他人的成功上，建立在帮助他人的成功上，建立在他人的快乐上！

第三，知足者常乐。

"活在当下""活好当下"，很重要的就是要"知足"。

我经常引用名医裘法祖的题词："做人要知足，做事要知不足，做学问要不知足。"人们常说的"知足常乐"就是这个意思，也有"向下比较""比上不足，比下有余"的意思。

"知足"显然是一种阳光好心态。

知足，不等于说不奋进、不进取，而是要我们知足后不要贪婪。很多炒股的人，常常败在不知足而贪婪上；很多商海中的人，也常常输在不知足而贪婪上；很多腐败分子也是毁在这不知足而贪婪上；很多犯罪犯法分子，出事也出在这不知足而过分贪婪上；很多平凡的人不快乐，也是因为这不知足以至于心态不平衡，过分地索取。

"活在当下""活好当下"，不仅仅是避免自己的不快乐，不仅仅是让自己快乐，还要让别人快乐。

把自己的快乐建立在别人的痛苦之上，比如那些战争狂人、强盗小偷、生产假冒伪劣商品赚黑心钱、搞黄赌毒害人而自己捞大钱的人、搞欺诈欺骗的人，他们也"活在了当下"，也"活好了当下"，但却让别人痛苦了，他们这种"活在当下"，让人不齿。

因为自己快乐而给别人带来麻烦，甚至危害了社会，这种"活在当下"的快乐是不可取的。

例如，有人半夜三更还制造噪声（打麻将、唱歌、播放音乐等），给四邻添麻烦；只顾自己喝酒快乐，今朝有酒今朝醉，酒后驾车，当了"马路杀手"，制造危险；一个职场中人，工作不负责任，执行不到位，本职工作不好好干，经常出错，给上级、同事、部下添乱惹麻烦等，自己倒是快乐了，别人却很痛苦。显然，这些都是由于很差的心态造成的。

3. 对未来充满希望

其实，一个人既要"活在当下、活好当下"，也要"看到明天、看到希望、活在明天、为了明天"。

鲁迅说:"希望是附丽于存在的,有存在,便有希望,有希望,便是光明。"

朗费罗有一段名言:"不要老叹息过去,它是不再回来的;要明智地改善现在。要以不忧不惧的坚决意志投入扑朔迷离的未来。"

2007年9月4日,温家宝总理发表在《人民日报》的诗作《仰望天空》,诗序引用了黑格尔的话:"一个民族有一些关注天空的人,他们才有希望;一个民族只是关心脚下的事情,那是没有未来的。"

有人说:"活在当下,不懊悔过去,不担心未来。"

我们有一言:"今天若不能为明天而活,那明天只能为今天而活。"

只活在今天当下,也就不能顾及明天。也有的是只看到现实中一些不好的东西,并可能与自己的不顺相结合,成了"愤青",愤世嫉俗,总认为前途渺茫。

唐朝有一个诗人,叫罗隐,考进士10次不中,自感前程渺茫,堕落牢骚之时,写了一首《自遣》的诗,借以表达心中的愤懑。"得即高歌失即休,多愁多恨亦悠悠。今朝有酒今朝醉,明日愁来明日愁。"今天,我们多用"今朝有酒今朝醉",比喻一些人得过且过,过一天算一天,也形容只顾眼前,没有长远打算,只顾今天不管明天如何。

今天就有一些人,消极处世,自甘沉沦,睁着蒙眬的眼睛,酗酒撒疯;也有的是人生在世,不称心如意也要及时行乐。

所以,我们提倡既要"活在当下""活好当下",又要"活在明天""活好明天"。

要对未来充满希望,总要相信,明天会比今天好;为了美好的明天,把今天活好。

生命之树为什么常绿,就在于对未来充满希望。

只要心存希望,总有奇迹发生;希望虽然渺茫,但希望永存人世。

美国作家欧·亨利在他的小说《最后一片叶子》里讲了个故事:

病房里，一个生命垂危的病人从房间里看见窗外的一棵树，在秋风中一片片地掉落下来。病人望着眼前的萧萧落叶，身体也随之每况愈下，一天不如一天。她说："当树叶全部掉光时，我也就要死了。"

一位老画家得知后，用彩笔画了一片叶脉青翠的树叶挂在树枝上。最后一片叶子始终没掉下来。只因为生命中的这片绿，病人竟奇迹般地活了下来。

人生可以没有很多东西，却唯独不能没有希望。有希望之处，生命就生生不息！

（三）过程与结果的生活态度

心态决定生命，阳光心态决定灿烂人生、决定幸福人生。

心态决定生命的什么？过程！结果！

大多数人认为应该享受过程，包括生命的过程，这才是阳光心态。

我则认为，阳光心态是既要享受过程，又要享受结果。

生命既漫长，生命又短暂；生命有始有终，生命永远没有终结！

生命是一个过程，生命当然也有结果。

任何事，都有过程和结果，也是"有始有终"之意。

只有过程，没有结果，不存在；只有结果，没有过程，也不存在。

所以"全程""全过程"，就有起始、过程、结果。

有人说生命是一个括号，左括号是出生，右括号是死亡；我们要做的事情就是填括号，要争取用精彩的生活、良好的心情把括号填满，有一个好的结果。

第一，要学会享受过程。

如果你太注重生命的结果将会怎样？就不会享受过程，就没有太多的乐趣，心态可能就不太阳光。

如果你不会享受过程，看到的只是人生的结果，反正都是死亡，活着还有什么意思呢？还学习什么、工作什么、生活什么？就会颓废而不思进取！

有很多东西是可以享受过程的，其实，我们享受的一切，几乎都是在享受生命的过程。因为我们所做的一切，都是生命的元素，都是生命的组成部分。

怎么享受生命这个过程？

"生命如同旅游，记忆如同摄像，注意决定选择，选择决定享受内容。"把享受过程的注意力选择在积极的、有趣的事情上。

有人喜欢钓鱼，而并不喜欢吃鱼，为什么？他对钓鱼有兴趣，还可陶冶情操，是积极而有趣的。但是，真正的钓者，重在钓鱼过程中鱼儿要上钩不上钩、急不得又不能不急的那种心情；还在于鱼儿上钩后，钓者轻轻一拉鱼竿，让鱼儿在水面上晃悠，怕鱼儿丢了，又担心鱼儿没咬牢钩，待鱼儿没有劲了后再弄上岸，那个全过程让人提心吊胆，钓上来后欣喜无比，这个过程真是过瘾！

有一位朋友不太喜欢看足球，总认为没有篮球那样很快进一个球"爽"。足球比赛中，长时间进不了一个球，让人着急死了。但是，为什么足球会有那么多人为之发狂？说"球迷"时，一般都是指热爱足球的粉丝，因为足球的魅力就在这里。大家享受的就是这足球要进又进不了，扣人心弦、怀着期望的过程。

学会享受过程，让心态阳光，这是共识。但是，我们坚持认为享受结果也很重要。

第二，也要学会享受结果。

没有过程的结果，是不存在的；没有结果的过程，毫无意义可言。

试想，你去钓鱼，坐了半天、一天，没有鱼儿咬钩，没有鱼儿上钩，没有钓到一尾，你会是什么心情？你享受了什么？

你去看足球，队员们不计较结果，观众也不管它结果如何，不计分，不算输赢，这样的足球还有踢头吗？这样的足球赛还有看头吗？

你做企业，生产过程很是热火朝天，但是，没有生产出产品、生产的产品不合格、合格的产品卖不出去、卖出去的产品收不到钱、收到的钱亏了本，这样的过程我们能享受什么呢？

三国时的周瑜，火烧赤壁一仗，要用东吴的五六万人马打败曹操的八十三万人马，谈何容易？但是，周瑜用的是结果导向战略，一切的战术、一切的方法方式、一切的手段措施、一切的过程流程，全部对准结果"大量消灭曹军"。如果偏离了，那就赶快纠正。

为什么要用火烧而不用水淹或者其他方法？

为什么要火烧赤壁而不火烧其他地方？

为什么要用三计（离间计、苦肉计、连环计）而不用美人计？

为什么要进行三借（借孔明、借箭、借东风）而不借张飞、借大刀、借西风？

因为这些全部都是为了一个结果：消灭曹军，尽可能多地消灭曹军。

当大领导的，其实他不怎么关心你的过程，目标任务下达后，就看你的结果如何。部下就要自动自发，自觉自愿，主动积极地执行，给领导和组织一个好的结果。

人们今天所做的一切，都希望有一个好的结果，我们肯定要享受好结果。有了阳光心态，会把过程做好，享受过程；会通过好过程取得好结果，再享受好结果。

（四）得意与失意的生活态度

最佳的态度：得意也阳光，失意也阳光。

人生，犹如一艘远航的帆船，有顺风时，也有逆风时。

人生，有得意时，有不如意时，也有失意时，但是，都要修炼心态、调整心态。

1. 得意修炼调整正当时

人生得意之事很多：少时学习成绩好，老师夸奖，爸爸妈妈表扬；考上了好学校，如好小学、好中学、好大学，老师得意，爸爸妈妈得意，学校也得意；找到了好工作，工作环境好，收入高，得意了；工作表现好，上级和

第八章 巧用修炼阳光心态的多种方法

同事都赞扬；连连提拔，事业有成；情场得意，娇妻漂亮，丈夫帅气，家庭和睦；等等。

比如，我有得意的绘画作品，我有得意的文学作品，我有得意的文艺作品，我有得意的品牌产品，我有得意的论文发表，我有得意的著作出版，我有得意的演讲，我有得意的门生，我有种种得意之作品……

得意的类型都是相似的。

有人得意了，会继续努力，珍惜自己的努力成果，把成绩成就当成起点，继续奋斗。

有人得意了，"因为优秀，就很难卓越"了（《从优秀到卓越》），浅尝辄止，就此止步。

有人得意了，趾高气扬，骄傲自满，老子天下第一，谁都瞧不起，大有"凌绝顶、众山小"之势，一副小人得志的嘴脸。

有人得意了，有了些许成绩，就不知道自己姓什么了，"中山狼，更猖狂"。

有人得意了，对曾经帮助他的人忘记了，认为都是自己的功劳，甚至过河拆桥，认为再也不需要他们了。

一幅幅得意众生丑相！

当然，也有得意时淡定、低调、善待他人、帮助他人、继续努力的人。

一幅幅得意众生异样！

得意时，更应该修炼、调整自己的心态，修炼、调整到阳光心态上来。

第一，世事无常，得意、失意可能就在转瞬之间。天有不测风云，人有旦夕祸福。有人说，上帝是公平的，它不会总让一个人全部都得意、时时都得意、处处都得意、事事都得意；在你洋洋得意时，失意可能接踵而至，所谓祸兮福所倚，福兮祸所伏。

第二，辩证看待。从另一个角度看，得意也就是失意，失意也就是得意。得意虽然是因好事而至，但因为好事连连，可能就此止步，它就变成了坏事，接下来可就是失意了。

得意之事，从一个角度和思维看是好事，但换一个角度和思维看，可能恰恰是坏事。例如，人说"人生有三大不幸"：老年丧子，中年丧妻，少年得志。这"少年得志"本是好事，但如果心态不调整到最佳状态，可能真就不幸了。

第三，得意须感恩，感谢使你得意的一切原因。这包括人、事、环境、条件、时代、社会，包括过去、现在和将来，包括直接和间接。这样，你的下一次得意之时就会再来到。

第四，得意不忘形，保持谦虚谨慎的作风。如果得意了就忘形，胜利了就昏头，大忌也！事一顺，好事一来，胜利一到，如果骄傲自满，对风险危机看不见，就要真出状况！

第五，得意时善待他人为好，因为你失意时会需要他们。帮助过你让你得意的人，你要善待，那是必须的！没有帮助过你的人，你也要善待。下一次可能正是这些人会帮助你，至少他不会给你使绊子。

2. 失意修炼调整最时宜

人生失意时，最要紧的事，就是要尽快调整心态，否则它有可能"临深渊"！

人生，如意之事只一二，不如意事常八九。

如意的类型大抵相似，不如意的事情各有各的不同。

工作努力得很，自己也认为效果不错，但就是提拔无望，不如意、失意；一起分配来的同学都相继提拔了，自己还原地踏步，不得志、不得意；生产的产品还不错，费了好多心血，但就是卖不出去，好生烦恼，失意；祸不单行，商场失意，情场应该得意才行，结果，女友又离去，双重打击，屋漏更遭连夜雨，船迟又遇打头风。

本来经济就不宽裕，偏偏又得了重病；去治疗吧，钱远远不够；不治吧，又不甘心，好生苦恼！

有人说，上帝怎么就这样不公平呢？当年胃口很好，也没有什么"三高""五高",什么都想吃,什么都能吃,但是,物资匮乏,又没有什么钱。后来,物资多了,什么都可以买来吃了,而且钱也多了,但是,却得了什么"三高""五高",很多东西想吃却不敢吃,不公平!

也有人说,上帝是很公平的:

他给富人以好食物,给穷人以好胃口。

他给大人物以矮小的身躯,给伟岸者以卑微的灵魂。

他给馥香的桂花以可怜的形貌,给不芬芳的牡丹以天仙的姿色。

他让恶人得到诅咒,但用享乐得到补偿。

他让善人获得赞美,但用痛苦折磨他。

他让强大者独处,让弱小者群居。

他给无爪牙者以翅膀,给不能飞翔者以爪牙。

他让肥沃的土地下面空空如也,没有宝藏矿藏;让沙漠、戈壁下面,遍是黑金、黄金、白金。

你太如意顺利了,总要给你来点麻烦;你不太如意了,意外的好处、惊喜就在面前。

有人说,"上帝的这种公平",就是不让任何东西完美,于是,才有了人类对完美的渴望与追求。

我不信上帝,只是认为这一番话有一定的哲理而已。

我们常常想,能不能有一种药物,或者是改变一下我们身上的某个东西,让我们现在也能饱饱鱼肉和海鲜的口福,"酒肉穿肠过",而不担心什么"三高"、什么痛风、什么发胖呢?

先调整一下心态再说吧!

世间之人,有不少人总认为自己有才、很有才,得不到重用,不得志、不得意、不如意!要么愤世嫉俗,要么灰心失望,总是怨天尤人。

怀才不遇者请听好:"怀才就像怀孕,时间久了就会让人看出来。"

看出来还不行,还要把才用出来,用到正道上来。

而且，就算有才了，也不要恃才傲物。人，切莫自以为是，地球离开了谁都会转，"没有谁不可替代"！古往今来，恃才放肆的人都没有好下场。所以，即便再能干，也一定要保持谦虚谨慎，做好自己的事情。

这个世界，最缺乏的是人才，最不缺乏的也是人才。人尽其才是我们的目标，它只是相对而言的。

我们不妨调整一下心态，换一种思维也许就不是这样的了：社会之大，此不遇可以彼遇：读大学不行，我就参加工作，今后自学成才；当老总不行，就把一般的本职工作干好。

三百六十行，行行出状元。在每一个岗位上，每个人都可以发挥自己的作用。

领导干部的调动升迁也是同样的道理。有一首打油诗，虽然不是太高雅，但对于调整怀才不遇的心态，有一定的可取之处。有打油诗说："领导干部是块砖，哪里需要哪里搬。搬到阳台不骄傲，搬到厕所不悲观。"

其实，要调整心态，把自己的心态调整得更阳光，几乎谁都知道。但是，如何把心态调整到最佳状态，调整到更阳光上来呢？努力学习去实践。

六、修炼心态重点在"自我"

有人讲，一个人的心理之门是从里面反锁着的，最终要靠自己去打开它。所以，在修炼阳光心态方面，我特别强调每个人"自我"的作用和力量。

（一）自我打开心门

每个人都有自己的心门。

有的人，心门一直敞开着，通风通气，阳光照射，这是一种开放的心态，显然是一种阳光的心态。

第八章
巧用修炼阳光心态的多种方法

有的人，心门经常紧闭着，用一把大大的心锁锁住了自己，也锁住了别人。

自己关闭上心门的人，好像自己在坐牢，好像自己在服刑。

电视连续剧《九岁县太爷》中有一段是这样的：

九岁的小孩和他的养父上京赶考丢了路费，讨饭到了一个饭庄，见饭庄门口贴了一张告示，上面写了，只要是男性，无论什么样的人，只要能够对上女老板出的对联，就免费吃饭，女老板还要下嫁给他。

这个上京赶考的九岁小孩把对联给对上了，他高兴，有饭吃了，还要娶女老板为妻。

饭店伙计提醒女老板，他才九岁，还是一个讨饭的叫花子，怎么能嫁给他呢。

年轻漂亮的电影演员曹颖扮演的饭店女老板，说了一段令人费解的话：记住，（叫花子又怎样？）人生在世，有两件倒霉事，没人敢说自己摊不上，一是坐牢；二是要饭。

起初看了这个电视剧，听了女老板的这番话，我硬是想不通，参不透玄机，悟不出道理来：为什么讨饭、坐牢这两件事每个人或许都要摊上而就躲不过呢？这个社会，相当多的人，大多数人不是没有摊上的吗？不是给"躲"过了吗？

后来，我在一次会议讨论中把自己给启发了："形与神、身与心！"有的人没有"形"讨饭，可能"神"讨饭；有的人没有"形"坐牢，可能"神"坐牢。

许多人的压力，都是无形的，物理的压力没有多大，但心理的压力却很大。

当今社会，真正进监狱的人毕竟不多，不是每个人都躲不过，不是每个人都会摊上。但是，有的人明明没有进监狱，但却把自己关在"心造"的监狱里，不肯自我减刑，不能自我赦免。

有一位年轻人，在公共汽车上售票，一眼就可以看出他非常不喜欢这个职业，懒洋洋地招呼，爱理不理地售票，时不时抬腕看看手表，然后百无聊赖地看着窗外。可以想象到，这辆公共汽车就是他"心造"的监狱，他却不知"刑期"多久。其实，他何不调整心态，热爱售票工作，当它是一种快乐，满心欢喜地把自己释放出来，在售票中发挥自己的聪明才智，像李素丽那样可以获得成功呢！

对有的人来说，一个仇人便是一座监狱，那人的一举一动都成了层层铁窗，天天为之郁闷仇恨、担惊受怕。有人干脆扩而大之，把自己的嫉妒对象也当成监狱，人家的每项成果都成了自己无法忍受的苦刑，白天黑夜独自煎熬。

人类的智慧可以在不自由中寻找自由，也可以在自由中设置不自由。环视周围，一些匆匆忙忙的行人，眉眼间带着一座座监狱在奔走。

这就是心态，阴暗的心态！

心门的打开，要内外结合，但重在自我。

见到有人心态出了问题，阴暗了、低沉了、忧郁了，不能"见死不救"，大家要伸出援手。

开导引导，劝说劝诱，创造一个良好的心理心态氛围和环境，是很有必要的。每个人都可以成为优秀的心理医生，既治疗别人，也治疗自己，自愈很重要！

所以，调整心态的关键还在自己，它是内因，起决定作用。有人说了，心门是从里面反锁着的，主要靠自己去打开它。

我写过这样的小诗：

> 打开心门，
> 生活原本就很有意思，
> 如果你愿意打开心门。
> 在心门的外边，
> 世界真是精彩纷呈。
> 虽然，
> 门外有荆棘，

门外有欺骗，

门外有陷阱，

但是，

在心门的外边，

有你的爱，

有你的被爱，

有那么多爱你的人。

还犹豫什么呢？

打开心门吧！

只要你动一下手，

就完全可能！

因为，钥匙就在你手里，

因为，你就是掌握这把钥匙的主人。

用你的好心智，

用你的好心情，

去经营你的事业，

去经营你的人生。

自强不息，

心平气和，

潇潇洒洒，

快快乐乐，

走完人生旅程。

在心态的修炼、调整上，需要别人帮忙拉一把，但更多是靠自己。心在内，叫内心！不要拒绝别人的帮助，别人可以点化、教化，但主要靠自己去悟，靠自己主动去做。

只要用心，只要愿意，完全可以把心态调整、修炼到最佳状态。

（二）自我缓解压力

适当的压力对人是有好处的，它会让你勇敢地面对生活、工作和学习，会让你精神焕发，精力充沛，表现出色，会给你动力。

但是，也有不少人，他们的聪明才智就是被一些有形的或无形的枷锁锁住了，不能充分地发挥出来。而这种枷锁，很多是"心锁"。

打开这些"心锁"，走出"心理牢笼"，可以通过父母、老师、上级、同事来完成；但有的绳索、枷锁和牢笼靠别人是解不开、打不开、冲不破的，要靠自己的努力打开。

所以，调整心态，使自己心态更加阳光起来，就要努力自我解压，解开心里的枷锁！

我认为，缓解压力的方法很多，其中有两种方法值得一试：

1. "退退步、弯弯腰、妥协妥协缓解了"

久历江湖，练达人情之人都守一个"退"字。退是一种智慧，退是一种谋略，退是一种改变，更是一种维系生存的手段。

退一步海阔天空，忍一时风平浪静。

经常听到这样一句话："惹不起，还躲不起吗？"要知进退呀！

一个人，一直努力工作，目标很高，对自己要求过严，久而久之，自己会感到压力太大，不妨"箱形整理一下"，如学习学习、充充电、反思反省一下、总结经验教训，可能有利于持续发展。

张弛有度，方是文武之道。

会指挥打仗的统帅，一定知道有所进、有所退的道理，可以战略大进攻，也可以主动地战略大撤退；未曾行兵，应该先选好退路。

有一故事，叫《压力大时弯一弯》：

> 很早以前，一个寒冷的冬天，漫天大雪，两位老人闹矛盾，谁也不服谁，谁也不让谁，矛盾缓解不了。其实双方都难受，双方都下不了台。
>
> 两人无意中都看到大雪中的树，树身都积满了厚厚的雪，树

受不住雪的重压了，再有积雪下去，树会被压断的。两老人都替众树们着急。危急时，只见一棵棵树分别"弯了弯腰"，树身上的雪都抖落到地上，然后这些树又开始积雪，又开始抖落，尽管雪很大，积雪很多，但大多数树仍然存活了下来，少数"不肯弯腰"的树也就断掉了。

两老人看后都得到了一个禅悟：树腰弯一弯，不会被压断。

于是，两老人分别向对方认错，和好如初。

中国有句古话：人在屋檐下，哪有不低头。低下的不是人格和精神，而是获得了一种阳光心态驱动下的为人处世的艺术，是一种向上的境界。

有流行语：哭，并不代表我屈服；退一步，并不表示我认输；放手，并不表示我放弃；微笑，并不意味我快乐！人不可能把钱带进棺材，但钱可能把人带进棺材。能够说出的委屈，便不算委屈；能够抢走的爱人，便不算爱人。在对的时间，遇到对的人，那是一种幸福；在错的时间，遇到错的人，那是一声叹息。

司马迁《史记·廉颇蔺相如列传》中，赵国蔺相如因完璧归赵而拜相，官位超过廉颇，廉颇不服，为难蔺相如，蔺相如有意躲让，不与廉颇发生矛盾冲突，此举感动了廉颇，才有了廉颇的负荆请罪，才有了千古美谈的"将相和"。

人的一生，必要的妥协应该是有的，拒绝妥协，就是拒绝成功。蔺相如退了、让了，是以退为进；廉颇负荆请罪，也是退了、让了，也是以退为进。结果，大家都进了，双赢、共赢！

特别是在我国今天，人民日益增长的美好生活需要和不平衡不充分的发展之间的矛盾成为主要的矛盾，更多的是利益协调，它更需要领导干部和全民的协调，甚至是妥协，从而减少社会矛盾和压力。

放下架子，该屈就屈，能屈能伸，以屈为伸，方为真英雄！

放下身段，前方是大道！

我先敬你一尺,你是否敬我一丈,无所谓!

2. 善待他人,善待自己,再大的压力也不见了

阳光心态,怎一个"善"字了得!

自己认为自己是善良的很重要,但是,能为别人着想的善良,才是上乘的善良!

善待他人,是缓解压力之良方。

与人为善,自己会得到"善果";与人为恶,自己会得到恶报。

毛主席就多次引用过"善有善报,恶有恶报"的字句。

一个人在人际关系方面要缓解自己的压力,很重要的就是要善待别人;别人对我好,我要善待他;别人对我不好(可能是真正的不好;也可能只是我自己认为人家对我不好,而实际上可能是误解了),也要善待别人。这样,人际关系方面的压力就烟消云散了。

特别要注意善待你身边的人。不怀好意的人、没有恶意的人,不好不恶中性的人们,都要善待。

善解人意,是指善于理解别人的想法,但我却赋予它"善能化解、缓解"之意。

社会之人,没有人不求人的,没有人不与他人发生交往的。

哲人说得好:"不要把痰吐在井里,哪天你口渴的时候,也要来井边喝水的。"

还要善待自己。"不要总是跟自己过不去!""把目标放低一寸吧!"来点反向对抗,就是自己与自己悲伤的、自怜的、失败的、压力大的情绪对抗。

沮丧时,我引吭高歌;

悲伤时,我开怀大笑;

悲痛时,我加倍工作;

恐惧时,我勇往直前;

自卑时,我换上新装;

不安时，我提高嗓音；

穷困潦倒时，我想象未来的富有；

力不从心时，我想想自己的目标。

也可以与自满自大的情绪对抗：

纵情得意时，我要记得挨饿的日子；

洋洋得意时，我要想想竞争的对手；

沾沾自喜时，不要忘了那忍辱的时刻；

自以为是时，看看自己能否让风停住；

腰缠万贯时，想想那些贫困的人；

骄傲自满时，要想到自己怯懦的时候；

不可一世时，让我抬头，仰望群星。

我在作执行力方面的演讲时讲了这样一段话：

当别人说我一无是处时，我不气馁，找一下自己的优点；当别人说我好得不得了时，我不骄傲，找一下自己的不足；当别人总在埋怨、抱怨时，我不受影响，我自己埋头苦干就是了。

（三）自我内心和谐

这是自我修炼阳光心态最重要的方法之一。

伟大的心理学家弗洛伊德认为，人格由"本我""自我"和"超我"构成。

当今社会谈到"自我"的东西不少，与弗洛伊德的"自我"有区别：自我批评、自我表扬、自我肯定、自我感觉、自我激励、自我调节、自我陶醉、自我教育、自我表现、自我完善、自我牺牲、自我价值、自我觉知、自我意识、自我期待、自我适应、自我控制、自我管理、自我实现、自我嬗变、自我和谐。

人们很强调自强自立，强调战胜自我。认为最能打败自己的，往往就是自己。

我们强调修炼阳光心态，很重要的就是自我和谐，而自我和谐主要是指一个人内心的和谐。

季羡林先生曾经说:"有个问题我考虑了很久,我们讲和谐,不仅要人与人和谐,人与自然和谐,还要人内心和谐。"

季羡林先生还说了:"我们现在这个时代很好,经济发展,政通人和。要注意的是,在发展经济的同时,加强政治、文化和社会建设,提高人的素质。"

有位作家说:"唯有内心真正达到和谐,才有静心,也有深情;才有相守,又有自由。内心和谐如乐音飞翔于空中,是没有边界的。"

人内心和谐,是心灵美,是内外兼修的美,是外在与内心统一的美;既各美其美,也是美人之美,更是美美与共,是生命的真正珍品。每个人开启心灵,永驻芳香,洗涤心灵,保持高洁,以人为本,人自为本,尽心尽责,我们的社会一定会变得更加和谐美好。

和谐不仅是一个社会走向成熟境界的修炼目标,也是公民内心的修炼目标。内心的和谐,则是一个人内心对欲望、名利、权力、他人、家庭、社会、祖国、自然、世事的宁静与平和。

一个人的现实自我与他最终要达到的目标之间一定会有差距的,那么自我和谐的人就是能够在这种情况下保持良好的心理状态,这也就是自我和谐的本来含义。

心是源,心是根,心是主。如果没有内心的和谐,社会的和谐注定只是表面的或低级的。所以,只有公民内心和谐,才会有社会的终极和谐。

有学者说:"内心和谐注定是一个理想化的公民社会愿景。但这并不能说明它是不具备意义的,它的重要意义在于,它让我们找到了修炼的方向,找到了完善与发展自己的最大切入点,即使我们成不了天使,但是起码我们可以超越既定的自我,实现公民品质的升华,让生命惬意地、美丽地行走于社会。有这些已经足够了。"

实际上,人的内心有可能处于失常、不和谐的状态,我们自己心灵世界的物化杂乱、纷争与纠缠的存在、心烦意乱,主要还靠我们自我和谐。

怎样达到自我和谐,怎样达到内心的和谐?

修炼、整修、改造、调整、解放我们的心态，使其更阳光！

既要有激情热情，有沸腾热血，同时内心还要宁静、淡定。一个人、一个民族都应该如此。

诸葛亮说的"非淡泊无以明志，非宁静无以致远"，实际上就是这个意思。

瑜伽是一种通过改造内心状态来调节人的失常心理的古老学说和行为。在瑜伽中，冲破空幻的束缚是心灵最根本的解放，而要做到这一点，又必须严格按照上述诸方法和要义来改造内心。

一位瑜伽学者说："如果没有这种内部的整修，没有对人的灵魂的改造，就如同为被白蚁蚀透的建筑物刷上一层油彩一样无济于事。"

真是太有道理了！

内心的和谐，还要从人的内在素养修炼方面去解决。这是治本，较为长远。现实的内心不和谐怎么办？就要自我调节。

在浴室洗澡时，水温太高了，调低一些；水温太低了，调高一点，一直调节到自己感到合适为止。社会诸事也是如此，只要不失控、不失调，反复调节的结果就是和谐了。

"修炼"很好，中国的和尚、道士们讲修行，除了悟道以外，修行还有去掉杂念之意。一般人的修炼，是为了提高修养修为，不需要看破红尘，不需要四大皆空、六根清净，这让我们想到"禅"。

什么是"禅"？有人说，是不言而悟，说出来的东西就不是禅了。

禅，汉译"静虑"，即"于一所缘、系念寂静、正审思虑"。

禅，佛教指静思，如坐禅、参禅、禅心、禅机、禅学、禅悟、禅定、禅宗。佛教禅宗的一种修持方法，其中有祖师禅与佛祖禅（如来禅、清净禅）的区别。坐禅，就是在"定"中产生无上的智慧，以无上的智慧来印证，证明一切事物的真如实相的智慧。

禅，到了高的境界，几乎处处皆禅！内心和谐、自我和谐，我认为就是一种"禅"。我们有宗教信仰自由，不是要大家都"禅起来"，也不是要"全民皆禅",不是"全民参禅打坐",我们认为可用"禅理"修炼我们的心态,达到内心和谐!

从社会方面来讲,要想达到自我和谐,有很多基本的因素。

社会要着力营造好的环境,传承中华优秀传统文化,形成先进的文化,进行物质教育、精神教育、心灵教育,影响每个人的心态,达到内心的和谐。

在不违背社会主义核心价值观、不违法和不违背道德的前提下,尊重人们的内心需求和个人价值选择,这样人们内心就和谐了。

（四）自我沟通交流

愿意与别人沟通交流,是修炼阳光心态的重要方法。

这里,我特别提倡修炼阳光心态要强化自我沟通交流。

因为有"沟",所以就要去"沟",通过"沟",就"通"了。

"沟",是差异、分歧、纠纷、矛盾、冲突、对抗。就一个人来讲,心中往往也会有"沟",有时候自己总是跟自己过不去,过不了那条沟,翻不过那道坎。

佛语：所谓门槛,过去了的就是门,过不去的就是槛。

为什么会有"沟",是因为认识、思维、立场、职业、习惯、角度、文化、水平、层次、利益等。

于是,就要去"沟",就是要去交流、解释、协调,去消除误会、化解矛盾、构建和谐、赢得人心,从而就"通"了。

没有"沟",没有差异,没有矛盾,也需要"通",沟通具有普遍性、经常性。如一个人,口渴就要喝水。但是,难道不口渴就不喝水吗？

现代健康学知识告诉我们,不口渴也要喝水。

平时联络,打下良好人际关系的基础；关系程度的加深,有利于发展；预防、通气消除误会。

不怕有矛盾,就怕不沟通；不怕不阳光,就怕不交流。

通过沟通,达到认同、认可、共同、共识、共鸣的目的。所以,沟通是一个由异到同的过程、一个求同存异的过程。

有人说，一个社会、一个地区、一个组织、一个团队、一个班子、一个家庭、内部或者外部，出现的各种各样的误会、问题、纠纷、矛盾、冲突、对抗，70%都出在沟通协调不好上；而和谐和睦的局面，大都是由于沟通协调得好而产生的。

一个人心态不阳光，也与不愿意沟通交流以及一些无效的沟通交流有很大的关系。

要使自己的心态阳光起来，就要到"户外"去，老是宅在屋子里，怎么会有阳光？走出自己生活的小圈子，走到阳光的群体里去，沐浴正能量的阳光雨露。

特别是要经常与有层次的人、心态阳光的人沟通交流，与一些大师沟通交流，你会受到阳光的照耀，你的身上会霞光万丈。

经常与大师沟通交流，虽然不一定就能成为大师，但久而久之，你可能有大师的气质甚至风范；你能够品味大师，说明你自己有品位；你经常品味大师，会提高自己的品位。

有人讲："经常与亿万富翁在一起沟通交流，久而久之，受其影响，你可能成为百万富翁；经常与百万富翁在一起沟通交流，久而久之，受其影响，你可能成为万元户；经常混迹于乞丐之列，久而久之，受其影响，你可能就加入了丐帮！"

近朱者赤，近墨者黑！

你不可能经常见到大师的面，不能与大师面对面地沟通交流，但是，你读一下大师的书，就相当于与大师见面，并聆听大师的教诲。

你没有见过孔夫子，也不可能见到他，那不是2000多年前的人吗？怎么办？读一下《论语》，把那20篇15900多个字的《论语》读一读，就相当于与孔夫子见面了——"神交古人""神交孔子"，与古人进行了沟通交流！

当一个人心中很郁闷，特别是受了冤枉，压力很大，心里很不舒服，通常的方法是找一个人倾诉，一吐为快，说完了，心里就好过多了。心理医生最拿手的一招，就是静静地听有心理障碍的人诉说。

修炼阳光心态，除了多与别人沟通以外，我们特别提倡"自我沟通"。自我沟通也叫内向沟通，即是说信息发送者和信息接收者为同一个行为主体，自行发出信息、自行传递、自我接收和理解。

"要说服他人，首先要说服自己。"

例如，从内心认同自己工作的价值和说服理由；自我沟通能开发与提升自我的素质素养，是一种自我修炼的好方式，从而让自己淡定、宁静，达到内心和谐；而且，可以用内在沟通解决外在问题，使内在和外在得到统一的联结点，是让自己心态更阳光的心态调整方法。

每个人都可以尝试一下自己与自己沟通，总结出最适合自己的自我沟通方法。

也有一些共同的自我沟通方法，例如：

第一，反躬自省。遇到任何问题，不要怨天尤人，不要总是怪别人，甚至怪老天无眼，正确的方法是冷静下来先想想自己，做自我检测与沟通，"吾日三省吾身"。

第二，自我认知。自我沟通的首要条件在于认知、自我认知。自我觉知，知自己之不足、障碍、限制、问题到底在哪里。

第三，动心用心。认知自我后，接着必须动心，用心去感觉、体悟，使自己的心开放，增强自我沟通的内心动力。

第四，立即行动。心动不如马上行动，当自己内心的动力增强后，即刻就要付诸实践，让行动充分发挥出自我沟通的效果。

第五，持之以恒。自我沟通非一蹴而就，必须持续不断一次又一次为之，不可急于求成，必须慢慢地、一步一步来，才能真正收到有效的自我沟通效果，才能使自己的心态逐渐阳光起来。

（五）自我关爱

心态阳光的人，一定是心中充满了爱的人。一个心里没有爱的人，无异于死亡，"哀莫大于心死"。

既爱别人，还要爱自己。我们非常提倡用关爱自己来修炼心态。

自我关爱，不等于自私自利，不是提倡"除了自己，任何人都不值得我爱，我不愿意爱任何人"。

人，要学会爱自己。

一个连自己都不会关爱的人，怎么可能关爱别人呢？

人要懂得爱自己，才会爱别人，也才有爱别人的能力。

有人说得好，再烦，也别忘记微笑；再急，也要注意语气；再苦，也别忘记坚持；再累，也要爱自己。

爱自己——自爱，是生命的原动力，像吃饭呼吸一样自然和重要。

在现代社会高成本生活的重压下，更多的人把对自己的关爱和呵护，转向对外界物质、对社会评判标准的关注，那颗原本能够呵护自己的柔软的心"被忽略"了，渐渐失去了自爱的本能。

阳光心态的人，一定会爱惜自己的生命和身体。

自残到极点的人，就是自杀，在他们的人生字典里，已经抹去了"爱"和"自爱"。

一些贪污腐败的人，其实也是另类的自残，是很不自爱，自己毁灭自己，"自掘坟墓"！

每个生命本质上要面对的是自己。

要懂得自爱，懂得自尊；还要践行自爱，践行自尊。

学习自爱的第一步，是在适当的时候过滤自己的负面思想。不要堆积烦恼压抑自己，每天都要像定期清理垃圾一样，把不良的情绪、负面的思想彻底清除出去。

自爱不容易，因为人有惰性。自爱，做起来比较难，但受用的是自己。其实，有效的自爱活动都是免费的，我们身边随处可见。

从最基本的入手：关心身体，平静呼吸，清理不良情绪，微笑。

做一件事之前考虑一下是否会让自己太累，如果太累的话，就要学会止步。作决策之前，最好想想后果。想想这件事对自己产生的后果，对别人产生的后果，对爸爸妈妈产生的后果，对社会产生的后果，想想长期的后果！

自爱，既爱自己的心、面、人格、荣誉，还要爱自己的身体。

身心、身心，没有身，哪有心。

身是心的载体，身心相互作用、相互影响。身心可以相得益彰，也可能相互破坏。

心情心态不好，会影响身体健康，长期负性生活，得癌症的可能性必然增大，所以，心态好坏也决定了身体健康与否。调整好自己的心态，让自己的心态阳光，其实就是"锻炼"身体、关爱自己生命的重要方式。

科学地关爱自己的身体健康，克服一些不良生活习惯，积极地参加一些适合自己的锻炼，身体好了、健康了，有利于工作生活和学习，有利于享受人生，也有利于自己保持心态阳光。

自我关爱，还包括自我欣赏、自我肯定、自我激励、自树信心、自我读书学习进步、自我提高素质素养和能力等等。

（六）自我利他

所谓"自我利他"，也就是自觉利他，自觉自愿地帮助他人。

帮助他人，是一种爱他行为、利他行为。助人为乐，从而让自己的心态阳光！

通过帮助他人来修炼自己的心态，这是修炼阳光的至高境界。

试一试：帮助了他人，你的心态会阳光起来，心里的阴霾也会消失。

有的人感到事业压力大、工作压力大、生活压力大、爱情压力大，找不到减小压力的方法。但实际上，在很多书里、节目里，不少心理学家介绍了许多减压的方法，也是管用的。我在这里也介绍一种实用且适用的方法：自觉自愿地尽量帮助别人。

如果你的经济状况好，甚至很好，尝试一下捐赠，加入慈善队伍。

有调查显示，大凡做慈善的人，心态都比较好；长期做慈善的人，心态一定持续阳光。

如果偶然遇到什么压力大的事了，甚至心里很烦了，甚至有轻生的念头了，你不妨去捐赠一次、两次、多次，捐赠后，你心里就好过多了。

如果你的经济条件不是太好，捐赠、慈善对于你来说有经济困难，那就去做义工吧，我们叫"志愿者行动"。

一般来讲，志愿者都是有组织的，而且做的都是一些大型的活动，个人自发的行为较少。其实，社会、社区，要进行一些计划、规划和策划，创造一些机会，搭建一些平台，让一些愿意做义工的人有一个载体，让其爱可献，其心态有可修炼之处。

就是一些大款和上流人士等，做一下义工，也是调整自己心态的一种好方法。

职场中的人，可以力所能及地进行慈善捐赠，参加一些义工活动，做一些尽义务的事，很重要。

全国学雷锋标兵、重庆市慈善总会志愿者总队长刘崇和先生，近些年又组织了"学雷锋科技服务队"，参加者众多。我虽然不是这支队伍的成员，但参加过他们的活动，与刘崇和先生是老朋友、好朋友。我发现，这支队伍的心态很好，精神面貌很好。而1961年出生的刘崇和先生，年过花甲，仍然在领导、组织大家做学雷锋的义务活动，而他个人，有着一副慈祥的面容，脸上一直带着笑容，我坚决、坚持、坚定地相信，这一定是刘崇和先生自己的慈善义务义举、他组织大家进行慈善学雷锋的活动修炼而成的！

江苏某税务局徐局长于2009年在新华书店偶然看到我当时的新作《从责任走向优秀》，觉得不错，于是给每位职工发了一本，一共303本，供大家学习。职工提议请作者作一场辅导报告，我成行了，于2010年3月应邀去该税局作演讲，主讲"责任与执行力"。报告之余，徐局长的一番话让我印象深刻。

"教授，您讲的'责任就是应尽的义务'，我很赞成。我们在全局作了一个规定，要求从局长到每位职工，每个人每个月至少要做一件尽义务的事，并记录下来，届时要检查。"

徐局长指的"尽义务的事"，就是分外的、没有报酬的事，也许，这也是徐局长让职工修炼阳光心态的重要方法之一吧！

帮助别人，是人们、是社会对有负面阴暗心态的人设置的修炼阳光心态之门、法、路，是典型的"自我利他"。

有帮助别人之愿，是一种心态；

有帮助别人的能力，是一种素质；

有帮助别人的行动，是一种福气；

在助人的过程中净化了自己的心灵，是一种福报。

帮助了别人，有没有回报福报，不要放在心上，相信冥冥之中，自有因果！

虽然没有能力帮助别人，但要尽量不给别人、不给社会添乱惹麻烦，这实际上也是以某种方式帮助了别人。

帮助别人的方式有很多，一个企业家，诚信经商，把企业发展得很好，你不就是帮助了很多人吗？

一位员工，爱岗敬业，做好了本职工作，你帮助的人就很多了。

一位领导者尽量授权，甚至授权给一线员工，调动大家的积极性，努力工作，这不也是在帮助别人吗？

一位领导者，经常发一些书给部下员工读，提高部下的素质素养和能力，这不是在帮助别人吗？

老来之人，把自己的身体锻炼好、保养好，少给自己那工作太忙的儿女添麻烦，这不是帮助了别人吗？

把你的快乐与别人分享一下，比如，你的正能量的原创小文章发到微信朋友圈中，潜移默化地正向影响别人，让别人的心态"润物细无声"地阳光起来，不也是帮助了别人吗？

你的坚持演讲、你的坚持朗读，让别人的灵魂深处受到启迪，产生共鸣，这不也是在帮助别人吗？

独乐乐不如众乐乐，美美与共！

分享是一种典型的自我利他，坚持分享的人心态最阳光！

比尔·盖茨曾分享的快乐，远远胜过独自拥有！这就是美美与共呢！这就是"独乐乐"经他的"微软"提出了"分享一切"的口号，并且身体力行，应该说，比尔·盖茨的心态是阳光的。

1833年出生的瑞典的诺贝尔，在读小学的时候，成绩一直名列班上的第二名，第一名总是由名为柏济的同学所获得。有一次，柏济意外地生了一场大病，无法上学而请了长假。有人私下为诺贝尔感到高兴，说："柏济生病了，以后的第一名就非你莫属了！"

诺贝尔并不因此而沾沾自喜，反而将其在校所学，做成完整的笔记，寄给因病无法上学的柏济。到了学期末，柏济的成绩还是维持第一名，诺贝尔则依旧名列第二名。

诺贝尔长大之后，成为卓越的化学家，最后发明了炸药而成为巨富。他立下遗嘱，当他死后，所有的财产全部捐出，设立"诺贝尔"奖，每年用这个基金的利息，奖励在国际上对物理、化学、生物、医学、文学、经济及人类和平有所贡献的人。

因为诺贝尔的开阔心胸和乐于分享的高尚情操，他不但创造了伟大的事业，也留下了后人对他的永远怀念与追思。最后在历史上，大家都认识了考第二名的诺贝尔，但鲜少人知道永远考第一名的柏济。

从诺贝尔的故事中，我们获得了一个感受，诺贝尔的成功，绝非只靠他的聪明才智，更重要的，是他的心胸、气度与分享的态度，他在"自我利他"，一直在"自我利他"。

成功不在于你赢过多少人，而在于你帮助过多少人。

真正的大师，不是拥有最多学生的人，而是帮助多少人成为大师的人；真正的领袖，不是拥有最多追随者的人，而是帮助多少人成为领袖的人；人的一生不在于"你超越了多少人"，而在于你帮助多少人不断自我超越；未来成功的新典范，不在于你赢过多少人，而在于你帮助过多少人成为心态的阳光者。

这就是自己、自我的一种利他精神！

结　语

　　修炼阳光心态虽然难、很难，但是，难也得做，还必须做好！

　　"路漫漫其修远兮，吾将上下而求索""世上无难事，只要肯登攀"，久久为功，持续修炼，再糟糕的心态，也会修炼好，阳光起来。

　　在河南洛阳白马寺的殿门上，有一副对联：

　　天雨虽大，不润无根之草；

　　道法虽宽，只度有缘之人。

　　修炼阳光心态，不要奢望"天度"，相信"自度"吧！

参考文献

[1] 曾国平. 智商情商手拉手 [M]. 北京：中国民主法制出版社，2007.

[2] 曾国平. 幽默：技巧与故事 [M]. 重庆：重庆大学出版社，2013.

[3] 曾国平. 国学智慧：讲好传统文化故事 [M]. 重庆：重庆大学出版社，2021.

图书在版编目（CIP）数据

修炼阳光心态：美美与共 / 曾国平编著. -- 重庆：重庆大学出版社，2025.4. -- ISBN 978-7-5689-5194-4

Ⅰ . B84-49

中国国家版本馆CIP数据核字第2025HT5597号

修炼阳光心态：美美与共
Xiulian Yangguang Xintai:Meimei Yugong

曾国平　编著

策划编辑：敬京

责任编辑：李桂英　　版式设计：马　恺
责任校对：王　倩　　责任印制：赵　晟

*

重庆大学出版社出版发行
出版人：陈晓阳
社址：重庆市沙坪坝区大学城西路21号
邮编：401331
电话：（023）88617190　88617185（中小学）
传真：（023）88617186　88617166
网址：http://www.cqup.com.cn
邮箱：fxk@cqup.com.cn（营销中心）
全国新华书店经销
重庆市国丰印务有限责任公司印刷

*

开本：720mm×1020mm　1/16　印张：16.25　字数：233千
2025年4月第1版　2025年4月第1次印刷
ISBN 978-7-5689-5194-4　定价：42.00元

本书如有印刷、装订等质量问题，本社负责调换
版权所有，请勿擅自翻印和用本书
制作各类出版物及配套用书，违者必究